FLEURS

animées

par J.J. Grandville

C. Geoffroy

Alph. Karr · Taxile Delord

botanique et d'horticulture

GARNIER FRÈRES ÉDITEURS

PARIS

GARNIER FRÈRES, LIBRAIRES-ÉDITEURS

6, RUE DES SAINTS-PÈRES, 6

LES

FLEURS ANIMÉES

TOME PREMIER

2147-98. — CORBEIL. Imprimerie ÉD. CRÉTÉ.

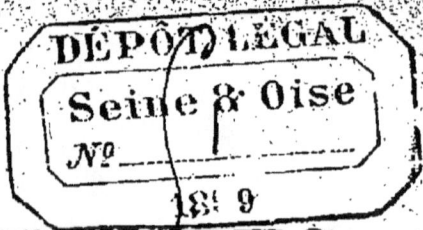

LES
FLEURS ANIMÉES

PAR

J. J. GRANDVILLE

TEXTE

PAR

ALPH. KARR, TAXILE DELORD ET LE Cte FŒLIX

NOUVELLE ÉDITION

AVEC PLANCHES TRÈS SOIGNEUSEMENT RETOUCHÉES

PAR

M. MAUBERT

Peintre d'histoire naturelle attaché au Jardin des Plantes.

TOME PREMIER

PARIS

GARNIER FRÈRES, LIBRAIRES-ÉDITEURS

6, RUE DES SAINTS-PÈRES, 6

LES
FLEURS ANIMÉES

INTRODUCTION

ALPHONSE KARR

———

IL y a plusieurs manières d'aimer les fleurs.

Les *savants* les aplatissent, — les déssè-
chent et les enterrent dans des cimetières
nommés herbiers, puis ils mettent au-dessous
de prétentieuses épitaphes en langage bar-
bare.

Les *amateurs* — n'aiment que les fleurs
rares, et les aiment, non pas pour les voir et les
respirer, mais pour les montrer ; leurs jouissances consistent beaucoup moins à avoir certaines fleurs qu'à savoir que d'autres ne les ont
pas. — Aussi ne font-ils aucun cas de toutes ces

riches et heureuses fleurs que la bonté de Dieu a faites communes, — comme il a fait communs le ciel et le soleil.

Quand, par un beau jour de février, — vous découvrez au pied d'un buisson la première primevère en fleur, — vous êtes saisi d'une douce joie, — c'est le premier sourire du printemps.

Vous rêvez d'ombrages et de chants d'oiseaux.

Vous rêvez de calme, d'innocence et d'amour.

Mais c'est que vous n'êtes pas un véritable amateur.

Si vous étiez amateur, vous ne vous laisseriez pas prendre ainsi à l'improviste par ces impressions poétiques, — vous regarderiez bien vite si, dans le cœur de la primevère, les étamines dépassent le pistil. Si, au contraire, c'est le pistil qui dépasse les étamines, le véritable amateur ne peut ressentir aucun plaisir d'une fleur aussi incorrecte: — c'est pour lui moins que les cailloux du chemin; — et, si cette fleur se permettait jamais de s'épanouir dans son jardin, il l'arracherait et la foulerait aux pieds.

Pour les savants, il n'y a de rose que la rose simple : — *rosa canina.*

La rose double, la rose à cent feuilles, la rose mousseuse, qui ont changé leurs étamines en pétales, — sont *des monstres*; — absolument comme les savants qui d'hommes, peut-être *simples* et bons, — sont aussi devenus doubles et triples par la science.

L'*amateur* — n'admet plus la rose à cent feuilles — ni la rose mousseuse dans ses collections ; elles sont *communes* ; — ce ne sont plus des *fleurs*, — ce sont des *bouquets.* — L'amateur vous dit froidement : Voyez ce *gain !*— ce rosier. — c'est moi qui l'ai *obtenu* de grains, il y a cinq ans. Il n'a jamais voulu fleurir.

Mes amis ont tout fait pour avoir une greffe de ce précieux sujet; — mais j'ai tenu bon, — j'en resterai seul possesseur.

Mais il est d'autres gens plus heureux, — qui aiment toutes les fleurs qui leur font l'honneur de fleurir dans leur petit jardin, — ceux-ci doivent aux fleurs les plus pures et les plus certaines jouissances. — Mais encore il faut les diviser en deux classes : les uns aiment dans les fleurs certains souvenirs, — qui se sont cachés dans leur corolle comme les hamadryades sous l'écorce des chênes.

Ils se rappellent que *les lilas* étaient en fleur la première fois qui l'ont rencontrée.

C'est sous une tonnelle de *chèvrefeuille*, qu'assis ensemble, à la fin du jour, ils ont échangé ces doux serments qu'un seul, hélas! a gardés.

En voulant cueillir pour elle une branche d'*aubépine*, il s'est déchiré la main, — et elle a mis sur sa blessure un morceau de taffetas d'Angleterre, après l'avoir passé à plusieurs reprises sur ses lèvres roses.

Une autre fois, — ils avaient ensemble cueilli des *vergiss-mein-nicht* sur le bord de l'étang. — Il y avait des *giroflées jaunes* sur les vieilles murailles de l'église de campagne où ils se rencontraient tous les dimanches.

Ainsi, chaque printemps, ces souvenirs renaissent et s'épanouissent comme les fleurs.

Mais il vient un moment où l'on appelle tous ces jeunes et vrais sentiments des illusions, un moment où l'on croit devenir sage parce qu'on commence à devenir mort.

On est alors tout simplement en proie à d'autres illusions.

Le côté de la lorgnette qui rapetisse les objets n'est pas plus vrai que le côté qui les grossit.

Alors on aime les fleurs, mais seulement pour elles-mêmes.

On les aime pour leur éclat, pour leur parfum et aussi pour les soins qu'elles vous coûtent.

On découvre alors que toutes les richesses des riches ne sont qu'une imitation plus ou moins inparfaite des richesses des pauvres.

On voit que les diamants, qui coûtent parfois tant de honte et dont on est si fier, voudraient bien ressembler tout à fait aux gouttes de rosée du soleil levant.

On voit que les fleurs sont des pierreries vivantes et parfumées.

FLEUR DE PÊCHER

On voit qu'un tableau qui représente à peu près ces trois arbres et cette pelouse. — est payé cent fois la valeur de la pelouse et des trois arbres eux-mêmes. — Eh bien, on va essayer d'imiter cela en marbre ou en bois, — puis, si l'artiste arrive à réussir si bien qu'on voie tout de suite ce qu'il a voulu faire, — il faudra abattre deux kilomètres de ces vieux hêtres pour payer l'imitation qu'il a faite d'un seul.

C'est alors que l'on comprend que Dieu aime les pauvres, et que, comme les petits enfants, il les laisse s'approcher de lui.

Alors aussi, retiré, blessé des luttes de la vie, — on se rappelle tout ce que l'on a aimé, tout ce qui vous a trompé, — toutes les fleurs charmantes qui ont porté des fruits tristes et vénéneux, toutes ces promesses devenues trahisons, toutes ces espérances déçues.

Et quand on est enfermé entre les murs de son jardin, — seul avec ses fleurs aimées, — on pense qu'on n'a rien à redouter de semblable en cette dernière affection.

Jamais aux fleurs roses du pêcher ne succéderont les capsules vénéneuses du datura, — comme aux charmantes fleurs de l'amour et de l'amitié ont succédé les fruits amers de l'oubli et de la haine.

Et quand ces chères fleurs effeuillent leur corolle sous les ardentes caresses du soleil, — vous savez en quel mois et à quel jour de l'année suivante elles reviendront à la même place du jardin s'épanouir de nouveau, riantes, jeunes, belles et parfumées.

Heureux ceux qui aiment les fleurs! Heureux ceux qui n'aiment que les fleurs!

ALPH. KARR.

Renoncule.

LA FÉE AUX FLEURS

Les antiquitaires et les savants ont retrouvé et clairement indiqué l'endroit où était situé le paradis terrestre. Nous savons en quels arbres était complantée la propriété céleste, quels terrains elle confrontait au nord, au midi, au levant et au couchant. Grâce à cette investigation, le plan topographique de l'Éden pourrait figurer dans les cartons du cadastre, ou dans les dossiers du conservateur des hypothèques.

Aucun savant ne s'est occupé de fixer d'une façon exacte la situation géographique du palais de la Fée aux Fleurs. Nous sommes obligés de nous en tenir, à cet égard, aux simples conjectures. Les uns le placent dans le royaume de Cachemire, les autres au sud-sud-est de Delhy; ceux-ci sur un des plateaux de l'Himalaya, ceux-là au centre de l'île de Java, au milieu d'une de ces vastes forêts dont l'inextricable et profonde végétation le protége contre les regards indiscrets et contre les recherches des savants antiquitaires.

Nous seuls connaissons la route qui conduit au pays des Fleurs, mais un serment solennel nous défend de l'indiquer. Les journaux y seraient en même temps que nous, et Dieu sait dans quel état ils auraient bientôt mis cette heureuse contrée, qui n'a encore subi qu'une révolution, celle que nous allons raconter.

Que le lecteur qui va nous suivre consente à laisser fermer ses yeux par un mouchoir de fine batiste. Visitons ses poches pour qu'il ne puisse pas faire sur ses pas la semaille traîtresse du Petit-Poucet. Maintenant en route, et que le bandeau tombe au moment même de l'arrivée.

Ne sentez-vous pas un air plus léger et plus suave que celui qui nourrit ordinairement votre respiration, jouer dans vos cheveux ? Ne distinguez-vous pas, au milieu de l'obscurité qui voile votre regard, une clarté plus vive, plus pénétrante, plus douce que celle du ciel même de la patrie ? C'est que notre voyage est terminé, nous sommes dans les domaines de la Fée aux Fleurs.

Voici son jardin, où se trouvent réunis et vivent dans une égalité fraternelle les produits de toutes les zones, de tous les climats, la fleur éclatante des tropiques à côté de la violette ; l'aloès auprès de la pervenche. Des palmiers déploient leurs feuilles en éventail au-dessus d'un massif d'acacias aux fleurs blanches lavées d'une teinte de vermillon ; des jasmins et des grenadiers confondent leurs étoiles argentées et leurs flammes de pourpre. La rose, l'œillet, le

lis, mille fleurs que l'œil aperçoit sans qu'il soit
besoin de les citer, groupent d'une façon harmo-
nieuse, ou décrivent les plus gracieuses arabesques. Toutes ces fleurs vivent, respirent et
se parlent entre elles, en échangeant leurs parfums.

Une multitude de petits ruisseaux fuient en
capricieux méandres sous le pied des arbres,
des arbustes et des plantes. L'onde coule sur
des diamants où vient se briser et chatoyer la
lumière en reflets d'or, d'azur et d'opale. Des
papillons de toutes les formes, de toutes les
couleurs, se croisent, s'évitent, se poursuivent,
planent, tournoient, se posent ou s'élèvent sur
leurs ailes d'améthyste, d'émeraude, d'onyx, de
turquoise et de saphir. Il n'y a pas d'oiseaux dans
ce jardin; mais on s'y sent enveloppé comme
d'une harmonie universelle qui ressemble à un
de ces concerts qu'on entend en rêve; c'est la
brise qui soupire, murmure, joue et chante sa
mélodie à chaque fleur.

Le palais qu'habite la Fée est digne de ces
merveilles. Un Génie de ses amis a ramassé ces
fils d'argent et d'or qui voltigent, aux premières
matinées du printemps, d'une plante à l'autre;
il les a tressés, enroulés, façonnés en festons
élégants. Le palais tout entier est bâti avec ce
filigrane enchanté. Des feuilles de rose forment
les toits, des liserons bleus comblent les inters-
tices du léger treillis, et font comme un rideau
à la Fée, qui, du reste, se trouve rarement au

1.

logis, occupée qu'elle est à visiter ses fleurs et
à songer à leur bonheur.

Peut-on n'être pas heureuse quand on est
fleur ? Cela paraît impossible ; rien de plus vrai
cependant. Notre Fée en a fait l'expérience.

Par une belle soirée de printemps, la Fée aux
Fleurs, mollement bercée sur son hamac de
lianes entrelacées, contemplait paresseusement
ces autres fleurs mystérieuses qu'on nomme les
étoiles, lorsqu'il lui sembla entendre des frôle-
ments lointains, un bruissement confus. Ce sont
sans doute les sylphes qui viennent faire leur
cour aux fleurs, pensa-t-elle ; et bientôt elle
retomba dans sa rêverie. Mais voici que le bruit
devint plus distinct, le sable d'or cria sous des
pas de plus en plus marqués, la Fée se leva sur
son séant, et elle vit s'avancer une longue procession de Fleurs. Il y en avait de tous les âges
et de toutes les conditions ; des Roses graves,
et déjà sur le retour, marchaient entourées de
leur jeune famille de boutons. Les rangs étaient
confondus : l'aristocratique Tulipe donnait le
bras à l'Œillet bourgeois et populaire ; le Géranium, vain comme un financier, marchait côte
à côte avec la tendre Anémone ; et la fière Amaryllis subissait, sans trop de dédain, la conversation passablement vulgaire du Baguenaudier.
Comme cela arrive dans les sociétés bien
organisées, au moment des grandes crises, un
rapprochement forcé avait lieu entre toutes les
Fleurs.

MARGUERITE

Des Lis, le front ceint d'un diadème de lucioles, des Campanules, lanternes vivantes portant un ver luisant allumé dans leur corolle, éclairaient la procession, que suivait, un peu à la débandade, la troupe insouciante des Marguerites.

La procession se rangea en bon ordre devant le palais de la Fée étonnée, et un Ellébore beau diseur, sortant des rangs, prit la parole en ces termes :

« Madame,

« Les Fleurs ici présentes vous supplient d'agréer leurs hommages, et d'écouter leurs humbles doléances. Voici des milliers d'années que nous servons de texte de comparaison aux mortels ; nous défrayons à nous seules toutes leurs métaphores ; sans nous la poésie n'existerait pas. Les hommes nous prêtent leurs vertus et leurs vices, leurs défauts et leurs qualités ; il est temps que nous goûtions un peu des uns et des autres. La vie des Fleurs nous ennuie : nous désirons qu'il nous soit permis de revêtir la forme humaine, et de juger par nous-mêmes si ce que l'on dit là-haut de notre caractère est conforme à la vérité. »

Un murmure d'approbation accueillit ce discours.

La Fée ne pouvait en croire le témoignage de ses yeux et de ses oreilles.

— Quoi ! s'écria-t-elle, vous voulez changer

votre existence, semblable à celle des divinités, contre la vie misérable des hommes ! Que manque-t-il donc à votre bonhenr ? N'avez-vous pas pour vous parer les diamants de la rosée, les conversations du Zéphyr pour vous distraire, les baisers des papillons pour vous faire rêver d'amour ?

— La rosée m'enrhume, s'écria en bâillant une Belle-de-Nuit.

— Les madrigaux du Zéphyr m'assomment, dit une Rose; il me répète depuis mille ans la même chose. Les poètes qui sont d'une académie doivent être plus amusants.

— Que me font les caresses du Papillon, murmura une sentimentale Pervenche, puisque lui-même n'en partage pas la douceur ? Le Papillon c'est le symbole de l'égoïsme, il ne pourrait reconnaître sa mère, et ses enfants ne le reconnaissent pas à leur tour; où aurait-il donc appris à aimer ? Il n'a ni passé ni avenir ; il ne se souvient pas, et on l'oublie. Il n'y a que les hommes qui sachent aimer.

La Fée jeta sur la Pervenche un regard douloureux qui semblait lui dire : Toi aussi ! Elle comprit que ses efforts pour calmer la sédition seraient désormais inutiles ; cependant elle voulut faire une dernière tentative.

— Une fois sur la terre, demanda-t-elle à ses sujettes révoltées, comment y vivrez-vous ?

— Je me ferai femme de lettres, répondit une Églantine.

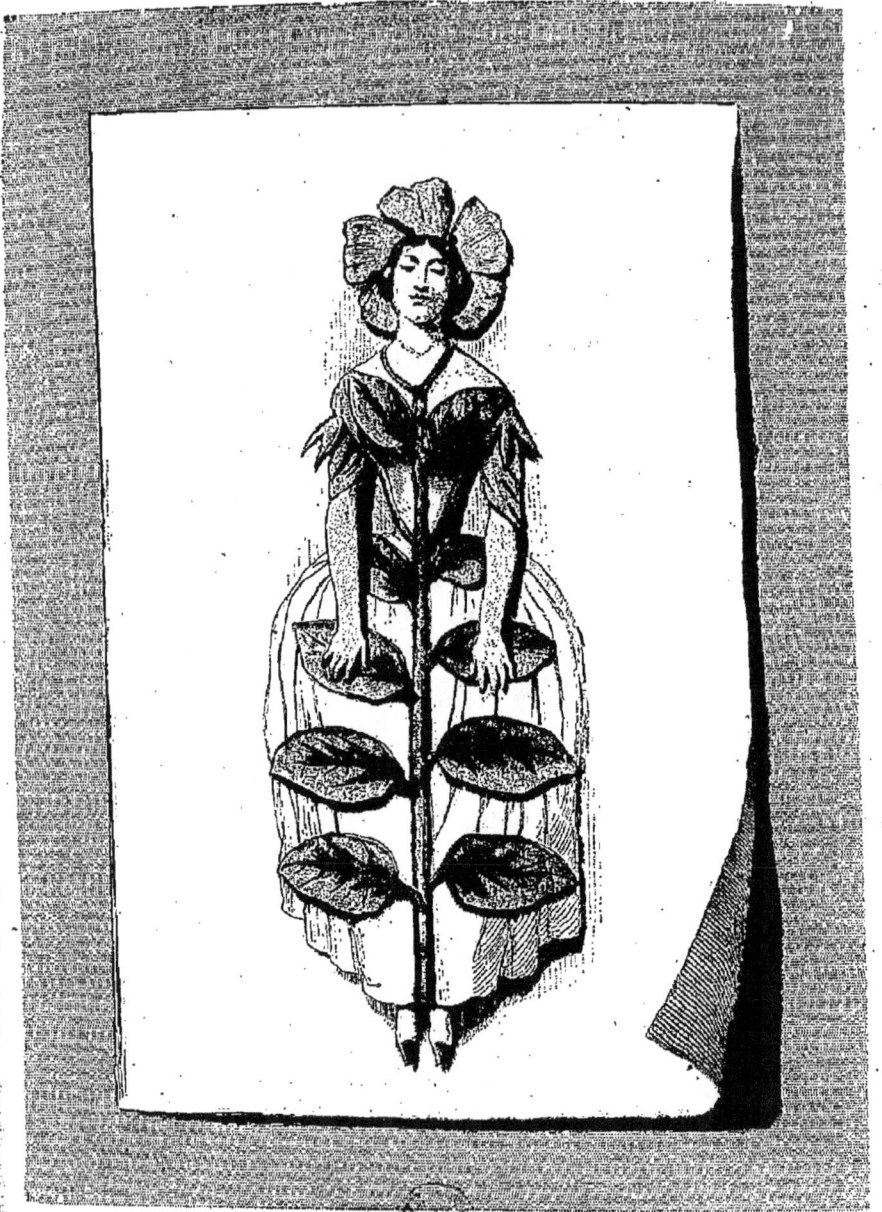

PERVENCHE DESSÉCHÉE

— Et moi bergère, ajouta un Coquelicot.

— Je m'établirai faiseur de mariages, maître d'école, maîtresse de piano, revendeuse de toilette, diseuse de bonne aventure, s'écrièrent en même temps l'Oranger, le Chardon, l'Hortensia, l'Iris et la Marguerite.

— Le Pied-d'Alouette parla de ses débuts à l'Opéra, et la Rose jura que lorsqu'elle serait devenue duchesse, elle se donnerait le plaisir de couronner force rosières.

Il y avait là une foule de Fleurs ayant déjà vécu qui assuraient d'ailleurs que la vie était commode et facile chez les hommes. Narcisse et Adonis s'étaient faits les secrets instigateurs de la révolte; Narcisse surtout qui brûlait de savoir quel effet pouvait produire un joli garçon dans une glace de Venise.

La Fée aux Fleurs resta pendant quelques instants plongée dans ses réflexions, puis elle s'adressa aux rebelles, d'une voix triste, mais ferme :

— Allez, Fleurs abusées, qu'il soit fait suivant vos désirs ! Montez sur la terre, et vivez de la vie des hommes ; bientôt vous me reviendrez.

C'est donc l'histoire des Fleurs devenues femmes qu'on va lire dans ce volume. Nous avons recueilli ces aventures au hasard, en parcourant tous les pays, en interrogeant toutes les classes de la société, sans tenir compte des dates et des époques. Les Fleurs ont vécu un peu partout, peut-être en avez-vous connu sans

vous en douter. Il est bien malheureux qu'elles
n'aient pas jugé à propos de faire des confiden-
ces, ou d'écrire leurs mémoires, cela nous eût
évité bien des peines, bien des démarches et
surtout bien des erreurs.

Pour en finir avec cette introduction, nous
vous dirons que la Fée n'accorda pas la permission demandée sans se promettre intérieure-
ment de se venger. Le lendemain, son jardin
était désert. Une Fleur cependant était restée, la
Bruyère solitaire et qui fleurit toujours.

Symbole de l'amour éternel, elle savait bien
qu'il n'y avait pas pour elle de place sur la terre.

Consoude.

BLEUET ET COQUELICOT

HISTOIRE

D'UNE BERGÈRE BLONDE

D'UNE BERGÈRE BRUNE

ET D'UNE REINE DE FRANCE

I

Les deux plus jolies filles du village sont sans contredit, Bleuette et Coquelicot : Bleuette avec ses cheveux blonds et ses yeux bleus, Coquelicot avec sa taille flexible et ses joues brillantes d'un rouge vif.

— Par ma foi ! disait l'autre jour M. le bailli, Bleuette est charmante quand elle traverse la grande place du village, l'air modeste, les yeux baissés !

— Ventrebleu ! s'écriait, dimanche dernier, le seigneur du village en voyant danser ses vassaux, cette petite Coquelicot a une façon de faire en ayant-deux qui ravit ; je suis sûr qu'il n'y a

pas à la cour une femme plus gracieuse qu'elle
Voilà pourtant comment sont nos vassales.

Le fait est qu'on ne pouvait trouver deux plus
jolis minois que Coquelicot et Bleuette. Elles
habitaient la même chaumière, chantaient les
mêmes chansons, nourrissaient les mêmes tourterelles ; elles avaient à elles deux un seul troupeau.

La seule chose qu'elles n'eussent pas mis en
commun, c'était leur cœur. Bleuette avait promis
un tendre retour à Lucas, Coquelicot avait juré
une flamme éternelle à Blaise.

A part cela, elles étaient fort sages.

Chacun, dans le village, aimait Bleuette et
Coquelicot, quoique le bonheur excite ordinairement l'envie. Si le loup croquait un mouton
ou deux dans les environs, ce n'était jamais le
mouton de Bleuette et de Coquelicot ; si un maître
renard tordait le cou sans pitié aux poules de
Mathurin, de Bruneau, de Thibaut, il respectait
celles de Coquelicot et de Bleuette ; la grêle en
tombant épargnait les framboises de leurs fram-
boisiers et le raisin de leur treille ; leurs ruches
étaient pleines d'un miel éblouissant ; elles
étaient heureuses, si heureuses que plusieurs
personnes, notamment le magister, soutenaient
qu'elles étaient fées ou tout au moins filleules
de fées.

Il est certain que lorsqu'elles s'asseyaient
sous un arbre, un rossignol s'y posait aussitôt,
et lorsqu'elles allaient, bras dessus bras dessous,

se promener dans les sentiers au milieu des blés, le cri-cri et la sauterelle venaient sur le bord du sillon les saluer à leur passage, et leur chanter la bienvenue, ainsi qu'il convient à une sauterelle polie et à un grillon qui connaît ses devoirs.

II

CE QUE LA BERGÈRE BRUNE ET LA BERGÈRE BLONDE SE DISAIENT AVANT DE SE COUCHER

— Encore une journée de bonheur qui vient de s'écouler, ma chère Bleuette.

— Et qui recommencera demain, ma chère Coquelicot.

— Regrettes-tu ton ancienne forme ?

— Veux-tu cesser d'être femme ?

— Non.

— Ni moi non plus.

— Nous avons bien fait de choisir ce modeste village pour y vivre tranquillement. Le bonheur n'est qu'aux champs.

— Avec Lucas, qui est si bon.

— Et avec Blaise qui joue si bien de la musette.

— Rien n'est doux au monde comme d'être femme.

— Pour être heureuse, il faut avoir un cœur.

Puis les deux jeunes filles se mettaient devant leur miroir.

— Ne suis-je pas plus jolie que lorsque j'étais simple Bleuet ? demandait l'une.

— Qui ne me préférerait à tous les Coquelicots de la terre ? répondait l'autre,

Voilà ce que la bergère Brune et la bergère Blonde se disaient chaque soir, après quoi elles s'embrassaient et s'endormaient jusqu'aux premiers roucoulements de leurs tourterelles.

III

IDÉE D'UN BAILLI

Se voyant vieux, cassé, ridé, flétri, le bailli du village eut l'idée de se marier ; et de ce qu'il était bossu, boiteux, brèche-dent, chauve, asthmatique, il en conclut qu'il lui fallait la plus jolie fille du village : c'est pourquoi il jeta les yeux sur Bleuette,

IV

PENSÉE D'UN SEIGNEUR

Le seigneur du village habitait une tour lézardée, dans laquelle pénétraient la pluie, le vent, la grêle, la neige, toutes les intempéries des saisons. Il avait pour domestique un manant qui gardait les pourceaux le jour, et servait son maître le soir ; tout cela ne l'empêchait pas de parler de son château et de ses valets.

Du reste, il avait droit de haute et basse justice sur les terres qui ne lui appartenaient
plus, et pouvait faire pendre qui lui déplaisait
à une lieue à la ronde.

Un beau jour que sa goutte, son catarrhe,
ses rhumatismes lui laissaient quelque répit, le
seigneur vint à réfléchir qu'il s'était contenté
jusqu'à ce moment de vivre comme un égoïste ;
et, en brave gentilhomme qu'il était, il prit la
résolution magnanime de faire partager à un
être vivant les avantages de sa position : il se
décida à assurer le bonheur d'une femme. Son
choix se fixa sur Coquelicot.

V

DEUX CASAQUES TENDRES

Pendant ce temps-là ; les deux bergères, sans
se douter des honneurs qui allaient fondre sur
elles, faisaient tranquillement l'amour avec les
deux bergers.

Lucas chantait son martyre avec une casaque
de soie vert tendre ; Blaise faisait retentir les
échos d'alentour du son de ses rustiques pi-
peaux, avec une casaque d'un bleu non moins
tendre que le vert de son ami. Lucas avait les
cheveux frisés comme la laine de Robin, le
mouton favori de Bleuette ; les joues de Blaise
étaient si arrondies qu'il avait toujours l'air de

jouer du pipeau. Quand on les voyait ensemble avec leurs casaques vert tendre et bleu tendre, avec leur panetière ornée de rubans et leur houlette, tout le monde convenait que deux bergers aussi parfaits que Lucas et Blaise ne pouvaient aimer que deux bergères aussi accomplies que Bleuette et Coquelicot.

Du reste, Bleuette et Coquelicot avaient promis à leurs bergers d'échanger contre un baiser la première nichée de rossignols qu'ils leur apporteraient: Il n'y avait qu'un an à attendre jusqu'à cette époque; aussi Lucas et Blaise étaient-ils les plus heureux des mortels.

VI

RÉFLEXIONS PHILOSOPHIQUES

La félicité humaine est fugitive comme l'ombre.

VII

REGRETS

Comme Lucas et Blaise se promenaient dans la campagne, rêvant au bonheur qui les attendait dans un an, ils rencontrèrent Bleuette et Coquelicot, qui pleuraient à chaudes larmes. Les deux bergers se mirent à pleurer sans savoir trop pourquoi. Lucas sentit le premier le besoin de demander une explication.

— Robin, le plus beau des moutons, ma bergère, est-il malade? demanda-t-il d'une voix couleur de sa casaque.

— Ma bergère a-t-elle perdu la tourterelle que je lui ai donnée au printemps dernier? s'informa à son tour Blaise.

— Robin se porte bien, répondit Bleuette, mais j'ai vu M. le bailli, qui m'a dit : Je veux t'épouser!

— Moi, s'écria Coquelicot, j'ai rencontré le seigneur, qui m'a dit : Tu seras ma femme.

Aussitôt les deux bergers poussèrent d'affreux gémissements. Blaise jura qu'il irait se précipiter au fond d'un gouffre; Lucas voulut s'étrangler avec le ruban de sa houlette, un ruban que Coquelicot lui avait donné!

C'était un spectacle à attendrir les tigres d'Hyrcanie.

— Ce qu'il y a de pire, ajoutèrent les deux bergères, c'est que le seigneur et le bailli doivent venir nous chercher ce soir, et si nous refusons d'obéir, ils mettront sur pied leurs archers et nous forceront à les suivre.

Les deux bergers s'écrièrent qu'on les tuerait avant de leur ravir l'objet de leur tendresse, et tous les quatre reprirent le chemin du village.

La chaumière de Bleuette et de Coquelicot était déjà cernée par les soldats. Le seigneur

et le bailli s'avancèrent vers leurs fiancées.
Celles-ci voulurent résister, aussitôt les archers
les entourèrent. Trop sensibles pour supporter
un spectacle aussi cruel. Blaise et Lucas s'étaient
évanouis.

— Hélas ! se disaient Bleuette et Coquelicot,
pendant qu'on les entraînait, nous étions fières
de notre bonheur. Mieux valait rester pauvres
fleurs perdues dans un sillon ; nous n'en serions
pas réduites à épouser un seigneur qui a la goutte,
et un bailli bossu. Adieu, Lucas ; adieu, Blaise,
adieu pour jamais ! nous n'avons personne
pour nous protéger, personne pour nous sauver.

Comme elles se livraient à ces lamentations,
une troupe de villageois parut sur la route.
Tous ces braves gens, les mains pleines de rameaux verts, chantaient en chœur :

> O jours heureux ! jours d'espérance
> Qui nous rend la reine de France,
> Célébrons.....

Les cris mille fois répétés de « Vive Fleur
de Lis ! vive la Reine de France ! » empêchèrent
d'entendre le reste de ce chœur plein de poésie
et de couleur locale. La reine venait d'arri-
ver.

Le seigneur, surpris, ne put lui offrir les clefs
de son château sur un plat d'or, ce qui le contraria beaucoup. Le bailli, pris à l'improviste

LYS

se vit dans l'impossibilité de lui adresser un discours, contretemps qui l'aurait rendu malade s'il n'avait pas dû se marier ce jour-là.

VIII

FLEUR DE LIS, REINE DE FRANCE

A la vue de la Reine, Bleuette et Coquelicot sentirent l'espérance renaître au fond de leur cœur.

La Reine était belle et jeune comme elles; sa taille élevée et flexible, son teint pâle, ses yeux d'une grande douceur, imprimaient à toute sa personne un charme secret et puissant. En la voyant on se sentait attiré vers elle.

Les deux bergères se précipitèrent à ses pieds, et baisèrent les pans de sa longue robe blanche. Toutes deux pleuraient.

La Reine les releva avec bonté, et leur demanda ce qui pouvait causer leur chagrin.

— Le seigneur du village veut me forcer à l'épouser.

— Il faut que je devienne la femme du bailli, répondirent à la fois Coquelicot et Bleuette.

La Reine en souriant reporta son regard des deux jeunes filles au deux vieillards. Ce court examen lui suffit.

— Suivez-moi, dit-elle aux suppliantes, nous aviserons. Il ne sera pas dit que la Reine de

France aura vu répandre des larmes sur son passage, sans chercher à les essuyer.

Aussitôt le cortège se mit en marche, et les paysans suivirent la Reine en faisant retentir l'air de leurs acclamations; ils chantèrent plusieurs autres chœurs de circonstance que l'on retrouvera facilement dans tous les opéras comiques.

Fleur de Lis avait, dans les environs, une maison de plaisance dans laquelle, chaque été, elle venait oublier les soins du trône et de la grandeur. C'est là qu'elle conduisit les deux bergères. Avant de se retirer dans ses appartements, elle fit venir le seigneur et le bailli. Au lieu de les accueillir durement, comme ils le méritaient, elle leur fit une petite semonce plus amicale que sévère, leur montra le danger des unions disproportionnées, leur fit voir tout ce qu'avait de criminel l'emploi de la violence en amour, et, ce discours achevé, elle leur permit, puisque le mariage paraissait leur convenir, d'épouser une de ses dames d'honneur qu'elle doterait richement. La plus jeune de ces dames d'honneur avait dépassé la cinquantaine.

Cela fait, elle ordonna qu'on la laissât seule avec les deux bergères.

— Comment, mes chères sœurs, ne me reconnaissez-vous pas ?

A ces mots, Bleuette et Coquelicot levèrent la tête. Un secret pressentiment, un éclair rapide traversèrent en même temps leur esprit et leur cœur.

— Le Lis! s'écrièrent-elles à la fois.

— Moi-même, répondit la Reine, qui ai deviné tout de suite, sous ce costume de bergère, mes deux compagnes, Bleuette et Coquelicot. Les Fleurs se doivent un mutuel appui sur la terre; que je suis heureuse d'être arrivée à temps pour vous sauver des entreprises téméraires de ce vieux seigneur et de ce vilain bailli!

Les trois Fleurs se mirent alors à parler de ce qui leur était arrivé depuis qu'elles avaient quitté le jardin de la Fée. Bleuette et Coquelicot s'étendirent longuement sur le bonheur d'être aimées par des bergers tels que Blaise et Lucas.

— Aimée! murmura le Lis, oh! oui, ce doit être bien doux!

Bleuette et Coquelicot n'entendirent pas cette réflexion, elles ne songeaient qu'à complimenter Fleur de Lis de la position brillante et du rang élevé qu'elle occupait dans le monde.

— Ne vous hâtez pas tant de me féliciter, reprit le Lis, écoutez auparavant mon histoire.

Il y a plusieurs années de cela, j'habitais, sur les bords d'un lac solitaire, un petit castel caché dans les arbres de la forêt. Le matin, je me levais avec l'aurore, et je saluais l'apparition du soleil; le soir, je le suivais à son déclin, et il me semblait que son départ m'enlevait la vie, comme s'il eût été l'unique principe de ma force; chacun de ses rayons, en disparaissant, me laissait plus inclinée vers la terre. Les étoiles scintillantes me rendaient ma vigueur; j'aimais, le soir, à rester assise sur ma terrasse, et à sentir sur mon front et dans mes cheveux trembler les perles de la rosée. Quelquefois, quand la chaleur était trop forte, j'aimais aussi à me pencher sur le lac et à respirer la fraîcheur de son onde et qui me renvoyait mon image.

J'avais pour toute société une Hermine qui s'était retirée loin de tous dans cette solitude. Soir et matin, elle venait baigner dans le lac sa blanche et délicate fourrure. L'Hermine me dit qu'en me voyant elle s'était sentie attirée vers moi par une secrète sympathie; nous paraissions avoir le même goût de la solitude, la même horreur de tout vulgaire contact, la même pureté.

Sans trop m'en rendre compte, moi aussi j'aimais l'Hermine.

J'aurais pu vivre ainsi toujours heureuse, grâce au soleil, aux étoiles, à la rosée, à la fraîcheur du lac, et, je dois le dire aussi, grâce à l'amitié de ma sage compagne l'Hermine, lorsqu'un jour, un voyageur égaré vint frapper à la porte de mon castel. Je fus forcée de lui accorder l'hospitalité, attendu la violence de l'orage.

L'étranger était vêtu du costume de chasseur; il était jeune, il avait l'air noble et franc. Il m'apprit qu'entraîné par l'ardeur de la chasse, il s'était trouvé séparé de sa suite; ne pouvant

retrouver sa route au milieu de la tempête, il
s'était décidé à frapper à la porte de mon château,
sans espérer, ajouta-il, y trouver aussi belle
châtelaine.

Ces quelques mots me firent rougir.

Après lui avoir fait préparer un repas et tout
ce qui convenait à sa situation, je voulus me
retirer.

— Pardon, dit alors l'étranger d'une voix
douce et vibrante, mais si vous me fuyez, je vais
croire que, jouet d'une illusion douce et cruelle
à la fois, j'ai vu passer une fée dans mes songes. Si vous êtes femme, restez.

Malgré moi je restai.

Comme nous allions nous mettre à table, un
grand bruit de chevaux, de cors et de fanfares
se fit entendre à la porte du château. C'était
la suite de mon hôte qui s'était mise sur ses
traces, et qui venait le chercher. L'inconnu, mes
chères sœurs, c'était le roi de France.

Pour prendre congé de moi, il fléchit le genou,
et, prenant ma main, il lui imprima un baiser en me disant tout bas : — Il faut que je vous
quitte, ô la plus noble et la plus belle des
belles, mais je reviendrai !

Il ne tint que trop sa promesse.

Je parlai à l'Hermine, ma confidente, des
assiduités du roi et des offres de mariage qu'il
me faisait.

— Songe, répondait-elle, que la véritable
grandeur, la véritable pureté, ne peuvent exister

que dans la solitude. Prends exemple sur le Lis, mon enfant. Il n'est si beau que parce qu'à sa beauté il joint un air de candeur et d'innocence qui ravit le cœur.

A cette allusion je me sentis troublée. Hélas ! pensai-je, elle ne connaît par l'accès d'orgueil dont le Lis a été pris le jour où il a demandé à cesser d'être Fleur. Je me promis bien cependant de suivre les conseils de l'Hermine.

Mais le roi mettait tant d'obstination délicate, tant de passion ardente à me convaincre, que je finis pas consentir à le suivre. Je n'étais plus Fleur j'étais femme : ma faiblesse fut celle de mon sexe.

Le roi me parlait du bien qu'on pouvait faire sur le trône, du charme qu'il y a à se faire aimer. Puis il ajoutait que je devais porter bonheur à lui et à sa race. Je me laissai couronner,

Adieu, maintenant, au soleil, aux étoiles, aux perles de la rosée, à l'onde du lac ; l'étiquette me gouverne et m'obsède, je languis au milieu de la foule des courtisans. Ma vieille amie l'Hermine, à qui j'avais fait accorder ses grandes entrées, ne vint plus au palais, crainte de se souiller. L'autre nuit, j'ai eu une vision menaçante : j'ai vu les Lis traînés dans la boue, et une jeune et belle Reine qu'on menait à l'échafaud.

Combien je regrette le temps où, simple Fleur, j'étais le symbole chéri de l'innocence ! On m'effeuillait alors sous les pas des vierges et des chastes épouses ; les anges, porteurs des messages du ciel, s'arrêtaient un moment pour se

reposer dans ma corolle, et le lendemain ils
m'enlevaient avec eux dans leurs bras, et me
présentaient aux hommes comme un gage nouveau de la bonne nouvelle qu'ils venaient de leur
annoncer. Je vivais d'air, de soleil et de lumière.
Mes nuits se passaient à contempler les étoiles
et à m'enivrer des concerts confus qui se chantent dans l'ombre, tandis que maintenant...

La Reine se mit à pleurer.

Bleuette et Coquelicot essayèrent de la consoler. Elles lui dirent qu'il ne fallait pas s'exa-
gérer ses chagrins, que chaque position avait
des inconvénients plus ou moins grands, et que
le malheur pour elle avait été d'en choisir une
trop élevée, après quoi elles se citèrent comme
exemple.

— Si, au lieu d'être Reine, tu étais une simple
villageoise comme nous, ajoutèrent-elles, tu ne
te plaindrais pas de ton sort. Du temps que tu
était Lis, ma chère, tu étais un peu sujette au
péché d'orgueil; ce défaut pourrait te jouer de
vilains tours: il faut t'en méfier et prendre
patience.

Ces choses raisonnables dites, Coquelicot et
Bleuette demandèrent à la Reine la permission
de se retirer, afin d'aller tirer d'inquiétude Blaise
et Lucas. Cette permission leur fut octroyé. La
Reine y joignit deux gros diamants pour elles,
et deux paires de breloques pour Blaise et pour
Lucas.

IX

LE RETOUR

Comme elles traversaient les cours du palais, les courtisans, qui se trouvaient là réunis en très grand nombre, ne purent s'empêcher de s'écrier:

— Palsambleu! voilà deux jolies filles!

Coquelicot et Bleuette ne tournèrent seulement pas la tête, en entendant ces doux propos, tant elle avaient hâte de revoir Lucas et Blaise.

Elles se mirent à marcher, puis à courir; les voilà franchissant les hautes prairies de luzerne, foulant au pieds le trèfle, effrayant dans le sillon l'alouette dans son nid, et la grenouille endormie sur le bord d'un ruisseau; elles vont, elles vont, reprenant haleine, marchant et courant tour à tour, si bien qu'elles arrivèrent au village avant la nuit. Elles s'élancèrent vers la chaumière, croyant retrouver sur le seuil Blaise et Lucas résolus à mourir de désespoir sans quitter ces lieux chéris.

Elles rencontrèrent deux noces.

C'était Lucas qui se mariait avec Margot, la fille à Gros-Pierre, et Blaise qui épousait Flipotte, la nièce à Gros-Jean.

Les ingrats avaient encore à leur chapeau les rubans donnés par Coquelicot et par Bleuette.

En voyant la casaque bleu tendre et la casaque vert tendre aux bras de leurs rivales, Bleuette et Coquelicot se sentirent comme frappées de la foudre. Elles tombèrent pour ne plus se relever. Lucas et Blaise perdirent ce jour-là deux cœurs dévoués et deux jolies paires de breloques.

X

TUTTO FINISCE

Dans le cimetière du village on éleva une tombe modeste à Bleuette et à Coquelicot. Les amants des alentours y viennent chaque année en pèlerinage.

Des bleuets et des coquelicots croissent en abondance autour de cette tombe ; nulle part leurs couleurs ne sont aussi vives et aussi tendres. On dirait que les fleurs ont retenu quelque chose du caractère des deux bergères.

L'histoire chercha longtemps en vain un modèle d'héroïsme amoureux à leur opposer.

La sauterelle et le grillon ont fixé leur séjour dans le haut gazon qui entoure le tombeau de Bleuette et de Coquelicot. Le jour et la nuit ils font entendre des chants tristes comme une complainte.

Un rossignol, caché dans les branches du saule voisin, vient aussi, avant le lever du jour, chanter ses adieux aux deux bergères.

Les papillons et les abeilles se promènent seuls au milieu des fleurs voisines ; le taon indiscret, la mouche bourdonnante n'osent pas troubler du bruit de leurs ailes le silence du mausolée.

Toutes les fois qu'il traverse le cimetière, le magister ne manque pas de cueillir des fleurs sur le tombeau des deux victimes. « Mes enfants, dit-il à ses élèves en leur montrant le bleuet et le coquelicot, celui-ci signifie délicatesse, celui-là consolation. » Deux qualités qui n'ont pas un rapport des plus directs avec l'histoire que nous venons de raconter ; mais nous devons nous incliner devant le magister : il connaît mieux que nous le langage des fleurs. La jeunesse du village ne s'en plaît pas moins à lui faire des niches, quand elle en trouve l'occasion.

Pour se disculper, aux yeux de la postérité, d'avoir causé la mort de deux bergères aussi charmantes que Bleuette et Coquelicot, Lucas et Blaise ont affirmé sous serment, à leur lit de mort, qu'ils avaient cru le mariage avec le bailli et le seigneur définitivement consommé.

Lucas et Blaise, bourrelés de remords, moururent cinquante ans après leurs victimes.

On écrivit sur leur tombe :

ICI REPOSENT BLAISE ET LUCAS.
ILS FURENT
BONS PÈRES, BONS ÉPOUX, BONS BERGERS.
QUI QUE TU SOIS,
ARRÊTE, ET DONNE UNE LARME A LEUR MÉMOIRE,
UNE PRIÈRE A LEUR AME.
R. I. P.

COMMENT LE POÈTE JACOBUS

CRUT AVOIR TROUVÉ

LE SUJET D'UN POÉME ÉPIQUE

CHAPITRE
DANS LEQUEL SE TROUVE RÉSUMÉ TOUT CE QUE LES ANCIENS ET LES MODERNES ONT ÉCRIT SUR LE LANGAGE DES FLEURS

I

OU LES FLEURS PARLENT

LA Pensée se promenait sur la terre, ne sachant où se fixer.

Elle avait successivement frappé à bien des portes sans être admise nulle part. D'abord elle s'était offerte comme dame de compagnie à un bas-bleu fort célèbre ; elle avait essuyé un refus.

Un philosophe de grande renommée n'avait pas voulu de la Pensée même comme femme de ménage.

Repoussée successivement par un académicien, par un ministre, par un prédicateur, par

un peintre, par un romancier, par un sculpteur,
la pauvre Pensée résolut de quitter la ville et
de reprendre le cours de ses voyages.

Elle se mit donc en route par une belle matinée de printemps, peu chargée de bagage, mais
ferme, résignée, prête à supporter courageu-
sement tous les inconvénients de sa situation.

Enfoncée dans ses méditations, la Pensée
marchait sans s'apercevoir de la longueur du
chemin ; le soir venu, cependant, la fatigue la
prit, et jetant les yeux sur les environs, elle
chercha un endroit où elle pût demander l'hospitalité.

La façade d'un château brillamment illuminée
resplendissait à quelques pas de la route. Elle
se dirigea de ce côté. Le maître du château, la
table dressée sur la terrasse, assis sous une
tente de soie, chantait, buvait, mangeait, riait
avec ses amis.

— Ouvrez-moi, fit une voix faible, qui parvint
cependant jusqu'à l'oreille des convives.

— Qui êtes-vous ? demanda le maître du
château. Si vous êtes un gai compagnon, sachant
charmer les heures lourdes de la vie, entrez.

La voix répondit : — Je suis la Pensée.

— Valets, fermez les portes, chassez cette
hôtesse maussade, cette compagne importune
qui fait qu'on se souvient. Oublions ! oublions !

Le maître du château remplit sa coupe et but
à l'oubli.

— J'aperçois là-bas une chaumière modeste,

se dit la Pensée, qui, pour se délasser un moment, s'était accoudée sur un vase de marbre placé à l'entrée du château : les pauvres sont toujours hospitaliers. Allons leur demander asile pour la nuit; je suis fatiguée, et je commence à sentir les atteintes de la faim.

Elle prit le chemin de la chaumière.

— Pan ! pan ! pan !

— Qui va là ?

— L'hospitalité, s'il vous plaît ?

— Si vous voulez vous contenter d'un morceau de pain, d'un verre d'eau et d'un peu de paille fraîche, dites-moi qui vous êtes, et entrez.

— Je suis la Pensée.

— Arrière, maudite ! tu viendrais troubler mon sommeil. J'ai arrosé le champ de mon maître de ma sueur, et maintenant il se réjouit dans la joie des festins, tandis que ma femme pleure et que mes enfants ont faim. Si demain je veux avoir la force de recommencer mon travail, il faut que j'oublie. Tu troubles le repos de l'âme et du corps; va-t'en, je ne t'ouvrirai pas.

Ainsi, ni le riche ni le pauvre ne voulaient de la Pensée. Elle s'assit au rebord du fossé et laissa tomber son front dans ses mains.

Un jeune homme vint à passer sur la route : il marchait en regardant les étoiles et en murmurant tout bas des mots et des phrases qui lui faisaient ouvrir énormément la bouche et écarquiller les yeux.

Un soupir étouffé que poussa la Pensée l'avertit qu'un être souffrant avait besoin de son secours. Il s'approcha de la voyageuse, lui prit la main, et la voyant belle quoique toujours grave et recueillie, il lui demanda en grasseyant un peu pourquoi elle pleurait.

La Pensée lui répondit qu'ayant fait un long voyage, elle avait vainement demandé l'hospitalité à la chaumière et au château : personne n'avait voulu la recevoir.

— Pauvre enfant ! reprit le jeune homme en accompagnant ses paroles d'un geste tragique.

Il passa un bras autour de la taille de la Pensée, et l'aida à se relever ; puis il lui montra, dans un massif d'arbres, une petite lumière lointaine qui brillait.

— C'est la maisonnette que j'habite ; venez, vous y passerez la nuit en sûreté. Sous quel nom faut-il que je vous présente à ma mère ?

— On m'appelle, répondit-elle en hésitant, la Pensée.

Alors le jeune homme, frappant des mains en signe de joie, passa le premier pour indiquer à la Pensée le chemin de la maisonnette.

A son tour, la Pensée voulut connaître le nom de son hôte.

— Je suis, lui dit-il, un homme de fantaisie connu dans la contrée sous le nom de Jacobus le Poète.

Il vivait dans une maisonnette au milieu d'un bois, seul avec sa mère, qui lui racontait des

histoires de fées et des légendes d'enchanteurs.
Ces contes le charmaient encore, car Jacobus
avait à peine dix-huit ans ; ses joues étaient rouges, ses cheveux blonds, et ses gros yeux bleus
brillaient à fleur de tête. On le trouvait beau
dans la contrée.

La mère de Jacobus, quand elle sut quelle
voyageuse il avait recueillie, voulut elle-même
mettre le couvert de la Pensée. — Nous serons
bien malheureux, se dit-elle, si elle ne donne
pas à mon fils l'idée de quelque bon gros livre
qui nous rapportera de l'argent, et le fera bien
venir du prince. — Mais la Pensée s'opposa à
ce qu'on fît trop de préparatifs. Peu de chose
suffit à sa nourriture ; elle eut bientôt repris
ses forces, et elle se trouva en mesure de faire
des observations sur tout ce qui l'entourait.

La salle où ils se trouvaient ressemblait à une
serre, tant elle était pleine de fleurs et d'arbustes : ceux-ci grimpaient contre les murs, celles-là
s'accrochaient en arabesques au plafond ; il y
en avait qui entr'ouvraient à peine leurs boutons
à côté de leurs voisines épanouies ; d'autres
dont les feuilles déjà ternies se détachaient
lentement, et pour cela n'en paraissaient pas
moins belles. Des livres ouverts ou fermés,
marqués à certains endroits de feuilles vertes,
pour indiquer les passages favoris, était dissé-
minés çà et là parmi les vases. Les rayons de
la bibliothèque de Jacobus étaient des branches
d'arbustes ou des touffes de fleurs.

I. — 3

Le regard attaché sur la Pensée, le poète oubliait de prendre son repas : jamais il n'avait
vu de femme aussi belle, et d'une beauté si at-
tachante ! Il aimait surtout son œil calme et
profond, qui semblait n'avoir qu'à se fixer
sur un objet pour lui communiquer aussitôt
un charme plus doux, une chaleur plus féconde.

La Pensée comprit qu'il était de son devoir
de remercier l'hôte ; mais Jacobus l'arrêta au premier mot qu'elle voulut prononcer à ce sujet.

— La maison où vous entrez est bénie, s'écria-
t-il, en ayant soin de suivre exactement la
ponctuation et de scander chaque phrase ; votre
présence seule comble l'homme de tous les
biens. C'est vous, ô Pensée, qui donnez la force
à l'âme du jeune homme et qui rajeunissez le
cœur du vieillard. Avec vous les heures de la
vie s'écoulent sans connaître la lassitude et
l'ennui ; sans vous, la durée des jours paraît
trop longue, et le temps, qui n'a plus d'ailes,
vous écrase sous son poids. Restez dans ma
demeure, tout ce qu'elle renferme est à vous,
fixez-vous près de moi, belle voyageuse ; où
seriez-vous mieux qu'ici ?

Jacobus ne disait pas que les idées de sa
mère germaient aussi dans sa tête, et qu'il espé-
rait mettre à profit, dans l'intérêt de sa gloire,
le séjour de la Pensée.

Elle sourit de la naïveté du jeune poète, ce
qui ne l'empêcha pas de sentir vivement le bon

accueil qu'il lui faisait. Elle résolut de se montrer reconnaissante.

Jacobus ne put fermer l'œil de toute la nuit : l'idée de recevoir la Pensée sous son toit lui donnait comme une espèce de fièvre. Son cœur battait, son front était brûlant, un feu étrange brillait dans ses yeux. Voyant qu'il appelait en vain le sommeil, il se leva et descendit dans la bibliothèque, pensant que la vue de ses fleurs le calmerait.

Il entra donc et s'approcha d'une Aubépine. Comme il s'inclinait pour aspirer son parfum, il lui sembla entendre une voix douce qui s'élevait du fond de sa corolle :

— Respire mon haleine, ami ; une seule de mes branches, cachée au milieu des haies, suffit pour embaumer les environs : je suis la fleur des premiers printemps, je suis l'Espérance !

— Jacobus ! Jacobus ! fit une voix cristalline.

Le jeune homme se retourna et aperçut un Liseron qui le regardait avec ses petits yeux bleus et qui lui disait : — Moi, je me livre à tous les souffles qui passent, je cours çà et là à l'aventure, m'accrochant aux branches du chêne, serpentant dans la bruyère, vivant tantôt avec les grands, tantôt avec les petits ; ne m'oublie pas, je suis le Caprice.

— Moi, je représente les liens d'amour, s'écria un Chèvrefeuille.

Une Clématite voulut prendre la parole, mais un Érable l'interrompit.

— Je suis l'Érable, aux fleurs éclatantes, aux branches dures, le symbole de la réserve; écoute mes conseils, Jacobus. Méfie-toi de la Clématite qui grimpe sournoisement le long des murs, et montre sa petite tête aux rebords des fenêtres où les jeunes filles viennent rêver le soir : l'artificieuse Clématite surprend leurs secrets et va ensuite en faire des gorges chaudes avec son camarade l'Amandier étourdi et l'Ébénier perfide.

La Clématite voulait répondre, mais la Fougère l'en empêcha; elle se mit du parti de l'Érable. La sincérité de la Fougère est trop connue pour que la Clématite osât se mettre en lutte avec un tel adversaire; elle se tut.

Jacobus ne revenait pas de sa surprise; les fleurs vivaient, elles lui parlaient. Il ne pouvait se lasser de les entendre.

— Songe à moi, lui dit un Lilas : j'ai des feuilles verdoyantes et des grappes de fleurs parfumées; ma physionomie a quelque chose de naïf et de coquet à la fois, je fleuris vite et je dure; je suis le premier amour.

— La neige brille sur les rameaux noueux du chêne et sur le gazon de la prairie, et cependant une frange de fleurs borde le manteau blanc des prés. Est-ce déjà le printemps? est-ce encore l'hiver. C'est le temps où la Primevère ouvre ses houppes safranées. Venez cueillir la fleur de la première jeunesse.

— Aux premiers chants du rossignol, le Mu-

guet répand dans l'air le parfum de ses fleurs
d'ivoire. Frère du Lis, j'aime comme lui le bord
des ruisseaux, l'ombre épaisse des bois, les
solitudes de la vallée. En me voyant, l'homme.
songe au printemps écoulé, à sa félicité passée,
et je le console, parce que j'annonce le retour
du bonheur.

— Les abeilles viennent butiner sur mes
fleurs, les jeunes couples aiment à errer sous
mon ombre doucement parfumée; mes feuilles
desséchées fournissent à l'homme un breuvage
bienfaisant. En moi tout est douceur, bonté,
utilité. Je suis le Tilleul, la fleur de l'amour
conjugal.

— Partout on voit mes blanches étoiles scin-
tiller au milieu des branches : je laisse diriger
au gré de l'homme mes rameaux souples et
flexibles; on m'étend en palissade, on m'arrondit
en tonnelle, on me déploie comme un rideau le
long de la terrasse du château, on me fait ser-
penter autour de la fenêtre de la chaumière. Je
me prête à toutes les exigences, je suis heureux
dans toutes les situations. Je suis la fleur de
l'amabilité, l'ami des papillons et des abeilles, le
Jasmin!

Chaque fleur venait à son tour dire son mot à
l'oreille de Jacobus.

— Parbleu! se dit-il, je serais un bien grand
sot si je ne fixais sur le papier ce que je viens
d'entendre. Avec toutes ces choses charmantes,
j'écrirai un petit poème épique en seize chants,

qui me vaudra la place de ministre ou tout au moins celle-de premier valet de chambre du Roi.

Jacobus fit ce qu'il disait ; il passa une grande partie de la nuit à écouter les fleurs. Comme elles s'exprimaient toutes en langage littéraire, c'est-à-dire un peu longuement, il prit le parti de résumer leurs discours, et comme c'était un esprit fort méthodique, il rédigea, par ordre alphabétique, les notes suivantes, qui devaient lui servir à composer son petit poème en seize chants.

A

Absinthe. — Absence.

Acacia. — Amour platonique.

Acacia rose. — Élégance.

Acanthe. — Arts.

Achillée. — Guerre.

Adonide. — Souvenir douloureux.

Adoxa. — Faiblesse.

Agavé. — Sûreté.

Airelle myrte. — Trahison.

Alisier. — Accords.

Aloès bec de Perroquet. — Caquet.

Aloès soccotrin. — Amertume et douleur.

Alysse saxatile. — Tranquillité.

Amandier. — Étourderie.

Amarante. — Immortalité.

Amaryllis jaune. — Fierté.

Ananas. — Perfection.

Ancolie. — Folie.

Anémone. — Abandon.

Anémone des prés. — Maladie.

Anémone hépatique. — Confiance.

Angélique. — Inspiration.

Ansérine ambroisie. — Insulte.

Argentine. — Naïveté.

Armoise. — Bonheur.

Arum commun. — Ardeur.

Arum gobe-mouche. — Piège.

Arum serpentaire. — Horreur.

Asphodèle jaune. — Regret.

Astère. — Arrière-pensée.

Aubépine. — Espérance.

B

Baguenaudier. — Amusement frivole.

Balisier. — Rendez-vous.

Balsamine. — Impatience.

Bardane. — Importunité.

Basilic. — Haine.

Baume du Pérou. — Guérison.

Belle-de-jour. — Coquetterie.

Belle-de-nuit. — Timidité.

Blé. — Richesse.

Bluet. — Délicatesse.

Boule-de-neige. — Ennui.

Bouquet. — Galanterie.

Bourrache. — Brusquerie.

Bouton de rose. — Jeune fille.

Brize tremblante. — Frivolité.

Bruyère commune. — Solitude.

Buglosse. — Mensonge.

Bugrane arrête-bœuf. — Obstacle.

Buis. — Stoïcisme.

C

Cactier. — Amour maternel.

Camara piquant. — Rigueurs.

Camélia. — Reconnaissance.

Campanule. — Indiscrétion.

Capillaire. — Discrétion.

Cardère. — Bienfait.

Célosie à crête. — Immortalité.

Centaurée-amberboi. — Félicité.

Cerisier. — Éducation.

Chardon. — Austérité.

Charme. — Ornement.

Châtaignier. — Équité.

Chêne. — Hospitalité.

Chèvrefeuille. — Liens d'amour.

Chicorée amère. — Frugalité.

Circée. — Sortilège.

Citronnelle. — Douleur.

Clandestine. — Amour caché.

Clématite. — Artifice.

Cobée grimpante. — Nœuds.

Colchique. — Automne.

Coquelourde. — Sans prétention.

Coriandre. — Mérite caché.

Cornouiller. — Durée.

Couronne impériale. — Puissance.

— de roses. — Récomp. de la vertu.

Crinole hybride. — Tendre faiblesse.

Cuscute. — Bassesse.

Cyprès. — Deuil.

Cytise faux ébénier — Noirceur.

D

Dahlia. — Nouveauté.

Datura. — Charmes trom-
peurs.

Dictame de Crète. — Nais-
sance.

Digitale. — Occupation.

E

Églantier. — Homme poé-
tique.

Églantine. — Poésie.

Éphémérine de Virginie. —
Bonheur éphémère.

Épilobe à épi. — Production.

Épine noire. — Difficulté.

Épine-vinette. — Aigreur.

Érable champêtre. — Ré-
serve.

F

Fenouil. — Force.

Ficoïde glaciale. — Glaces
du cœur.

Fleur d'oranger. — Chasteté.

Fougère. — Sincérité.

Fraise. — Bonté.

Fraise d'Inde. — Apparence
trompeuse.

Fraxinelle. — Feu.

Frêne élevé. — Grandeur.

Fritillaire couronne impériale. — Puissance.

Fuchsia. — Frugalité.

Fumeterre commune. —
Fiel.

Fusain. — Portrait.

G

Galantine perce-neige. —
Consolation.

Galéga. — Raison.

Garanée. — Calomnie.

Gattillier commun. — Froideur.

Gazon. — Utilité.

Genêt d'Espagne. — Pro-
preté.

Genêt épineux. — Misan-
thropie.

Genévrier. — Asile, secours.

Géranium écarlate. — Sot-
tise.

Géranium rose. — Préfé-
rence

Géranium triste. — Esprit
mélancolique.

Giroflée de Mahon. —
Promptitude.

Giroflée des jardins. —
Beauté durable.

G

Giroflée jaune. — Fidèle au malheur.
Giroflier. — Dignité.
Gnapale. — Souvenir immortel.
Gouet commun. — Ardeur.
Grenadier. — Fatuité.

Grateron. — Rudesse.
Grenadille bleue. Croyance.
Groseillier. — Reconnaissance.
Gui. — Parasite.
Guimauve. — Bienfaisance.
Gyroselle. — Divinité.

H

Hélénie d'automne. Pleurs.
Héliotrope. — Enivrement d'amour.
Hellébore de Noël. — Bel esprit.

Hépatique. — Confiance.
Hêtre commun. — Prospérité.
Houblon. — Injustice.
Houx. — Prévoyance.

I J

Ibrine de Perse. — Indifférence.
If. — Tristesse.
Immortelle. — Souvenir immortel.
Ipomée écarlate. — Étreinte.
Iris. — Message.
Iris flambe. — Flamme.
Ivraie. — Vice.
Jacinthe étalée. — Bienveillance.

Jacinthe d'Orient. — Langage des fleurs.
Jacinthe sauvage. — Jeu.
Jasmin commun.—Amabilité.
Jasmin d'Espagne. — Sensualité.
Jasmin de Virginie. — Séparation.
Jonc des champs.—Docilité.
Jonquille. — Désir.
Jusquiame. — Défaut.

L

Lauréole bois gentil. — Désir de plaire.
Laurier-amandier. — Perfidie.

Laurier franc. — Gloire.
Laurier-rose. — Méfiance.
Laurier-thym. — Petits soins.

L

Lavande aspic. — Méfiance.

Lierre. — Amitié.

Lilas blanc. — Jeunesse.

Lilas commun. — Première émotion d'amour.

Lin. — Bienfaiteur.

Lis. — Majesté.

Liseron des champs. — Humilité.

Liseron pourpre. — Élévation.

Lunaire. — Oubli.

Luzerne. — Vie.

M

Mancenillier. — Fausseté.

Mandragore. — Rareté.

Marguerite des prés. — M'aimerez-vous?

Marguerite reine. — Variété.

Marronnier d'Inde. — Luxe.

Mélèze. — Audace.

Mélisse citronnelle. — Plaisanterie.

Menthe poivrée. — Chaleur de sentiment.

Ményanthe. — Calme, repos.

Miroir de Vénus. — Flatterie.

Momordique élastique. — Critique, mystification.

Morelle. — Vérité.

Mouron rouge. — Rendez-vous.

Muflier. — Présomption.

Muguet de mai. — Retour du bonheur.

Mûrier blanc. — Prudence.

Mûrier noir. — Dévouement.

Myrobolan. — Privation.

Myrte. — Amour.

N

Narcisse des poètes. — Égoïsme.

Narcisse des prés. — Espérance trompeuse.

Narcisse jonquille. — Désir.

Nélombo. — Sagesse.

Nénuphar blanc. — Éloquence.

Noisetier. — Réconciliation.

Nymphéa jaune. — Refroidissement.

O

OEillet de poète. — Dédain.

OEillet des fleuristes. — Amour sincère.

OEillet jaune. — Exigence.

OEillet-mignardise. — Enfantillage.

Olivier. — Paix.

Onagre. — Inconstance.

Ophrise-araignée. Adresse.

Ophrise-mouche. — Erreur

Oranger. — Générosité.

Ornithogale. — Paresse.

Ornithogale pyramidale. — Pureté.

Orobranche majeure. — Union.

Ortie. — Cruauté.

Osmonde. — Rêverie.

Oxalide-alleluia. — Joie.

P Q

Pâquerette double. — Affection.

Pâquerette simple. — Innocence.

Passiflore. — Croyance.

Patience. — Patience.

Pavot blanc. — Sommeil du du cœur.

Pavot coquelicot. — Beauté éphémère.

Pensée. — Pensée.

Perce-neige. — Consolation.

Persil. — Festin.

Pervenche. — Doux souvenir.

Peuplier blanc. — Temps.

Peuplier noir. — Courage.

Peuplier tremble. — Gémissement.

Phalangère. — Antidote.

Pied d'Alouette. — Légèreté.

Pin. — Hardiesse.

Pissenlit. — Oracle.

Pivoine officinale. — Honte.

Plaqueminier. — Résistance.

Platane. — Génie.

Polémoine bleue. — Rupture.

Polygala. — Ermitage.

Polytric à urne. — Secret

Primevère. — Première jeunesse.

Prunier. — Promesse.

Prunier sauvage. — Indépendance.

Pyramidale bleue. — Constance.

Quintefeuille. — Fille chérie.

R

Raquette figuier d'Inde. — Je brûle.

Renoncule bouton d'or. — Perfidie.

Renoncule scélérate. — Ingratitude.

Réséda. — Mérite modeste.

Romarin. — Baume consolateur.

Ronce. — Envie.

Rose. — Beauté.

Rose blanche. — Silence.

Rose capucine. — Éclat.

Rose cent-feuilles. — Grâces.

Rose des quatre saisons. — Beauté toujours nouvelle.

Rose en bouton. — Jeune fille.

Rose jaune. — Infidélité.

Rose musquée. — Beauté capricieuse.

Rose mousseuse. — Amour voluptueux.

Rose panachée. — Feu du cœur.

Rose pompon. — Gentillesse.

Rose simple. — Simplicité.

Rose trémière. — Fécondité.

Roseau. — Indiscrétion, musique.

Rossolis à feuilles rondes. — Surprise.

Rue sauvage — Mœurs.

S

Safran. — Abus.

Sainfoin oscillant. — Agitation.

Salicaire. — Prétention.

Sapin. — Élévation.

Sauge. — Estime.

Saule pleureur. — Mélancolie.

Sensitive. — Pudeur.

Seringa. — Amour fraternel.

Silénée, fleur de nuit. — Nuit.

Soleil ou hélianthe. — Fausses richesses.

Souci commun. — Peine.

Souci pluvial. — Présage.

Spirée ulmaire. — Sympathie.

Stramoine. — Déguisement.

Stramoine fastueuse. — Soupçon.

Syringa. — Amour fraternel.

T

Tame commun. — Appui.

Thym. — Activité.

Tigridie. — Cruauté.

Tilleul. — Amour conjugal.

T V Z

Troëne. — Défense.

Tubéreuse. — Volupté.

Tulipe. — Déclaration d'amour.

Tulipe vierge. — Début littéraire.

Tussilage odorant. — Justice.

Valériane rouge. — Facilité.

Véronique élégante. — Fidélité.

Verveine. — Enchantement.

Vigne. — Ivresse.

Violette blanche. — Candeur.

Violette odorante. — Modestie.

Zéphyranthe. — Douces caresses.

Le poète passa le reste de la nuit dans son fauteuil. Il rêva qu'on le couronnait au Capitole, et qu'il marchait revêtu d'un robe flottante, tenant à la main une lyre d'or.

En se réveillant, la première personne qu'il vit fut la Pensée, qui lui souriait. Il lui raconta ce qui lui était arrivé, lui demandant s'il n'était pas le jouet d'un songe, et si les fleurs pouvaient parler.

— C'est moi qui te parlais en elles, répondit la Pensée. Désormais tu vas dépasser tes rivaux; les secrets que je t'ai révélés, et que nul n'a connus avant toi, seront la source de toute poésie.

Jacobus baisa la main de la Pensée, et lui demanda la permission de relire les fragments écrits pendant la nuit.

A peine eut-il terminé sa lecture qu'il froissa le manuscrit entre ses mains et le jeta à la tête de la Pensée.

— Malheureuse ! s'écria-t-il, c'est ainsi que vous reconnaissez mon hospitalité ! Que voulez-vous que je fasse de toutes ces fariboles ? Mais c'est tout bonnement le *langage des fleurs* que vous m'avez révélé ! Il y a plus de mille ans qu'il fut inventé en Perse par un académicien de Bagdad. Les petits enfants me riraient au nez si je leur parlais de ces balivernes. Sachez que nous avons changé tout cela; les fleurs ont maintenant une autre signification, et, pour commencer par vous, je vous dirai que vous n'êtes qu'une vieille intrigante : vous venez tout simplement de *paonsée*, à cause de la ressemblance qui existe entre votre forme, vos couleurs et celles du paon. Il y a très longtemps que les savants ont découvert votre origine véritable. Ils s'occupent de décider maintenant à quelle fleur appartiendra le droit de représenter ce phénomène de l'intelligence qu'on appelle pensée : quant à cet autre phénomène de la pensée qu'on nomme souvenir, nous avons pour le personnifier le myosotis, que tous les gens éclairés prononcent *vergiss-mein-nicht*.

La mère Jacobus, attirée par le bruit, et voyant de quoi il s'agissait, mit prudemment de côté les œufs et le café à la crème qu'elle avait préparés pour le déjeuner de la voyageuse. — Ma mie, s'écria-t-elle, vous nous la baillez belle avec votre langage des fleurs. Vous nous prenez pour des Picards ou des

Percherons, que vous venez nous raconter de telles sornettes. Je vois que vous n'êtes qu'une intrigante qu'il faut chasser; mais auparavant, pour vous montrer qu'on ne nous mystifie pas aussi facilement que vous le croyez, je vais vous narrer une toute petite histoire. Écoutez-moi, mon fils, vous allez enfin savoir pourquoi votre père a eu le bout du nez gelé.

Après avoir toussé et craché, la mère Jacobus entama le récit suivant.

II

OU L'ON PROUVE QUE LE LANGAGE DES FLEURS PEUT FAIRE PERDRE LE BOUT DU NEZ A UN HOMME.

J'aimais Jacobus, et Jacobus m'aimait. Jeunes tous les deux, beaux tous les deux, sensibles tous les deux, nous nous étions promis de vivre l'un pour l'autre. Malheureusement la volonté de nos parents nous séparait. Notre seule consolation était de nous écrire.

Madame Jacobus poussa un long soupir, puis elle reprit son récit :

O ma bien-aimée! me dit un jour Jacobus, nous sommes entourés de pièges, qui sait si on ne finira pas par découvrir le creux du hêtre où nous venons déposer nos lettres d'amour! Afin qu'aucun œil indiscret ne pénètre nos mystères, je t'ai apporté ce petit livre, qui t'enseignera une langue nouvelle inconnue du vulgaire. Apprends à la lire, et surtout à l'écrire correctement!

Je pris le livre; il était intitulé : *Cours de langage des fleurs en douze leçons.*

Avec quelle ardeur je me livrai à cette étude! La langue des fleurs, à vrai dire, ne semble pas très difficile au premier abord : le verbe n'a que trois personnes : la première, la seconde et la troisième, *je, tu, il.*

Voici comment il se conjuge :

« *J'aime.* On présente la fleur de la main droite et horizontalement.

« *Tu aimes.* Même fleur, de la même main, mais penchée à gauche.

« *Il aime.* Même fleur présentée de la main gauche.

« Deux fleurs indiquent le pluriel. Une fleur renversée, la négation. Ainsi un asphodèle jaune la tête en bas, la tige en l'air, signifie : *Je ne vous regrette pas.*

« Les temps sont au nombre de trois : le présent, le passé, le futur. Le *présent* s'exprime en offrant la fleur à la hauteur du cœur; le *passé*, en la présentant le bras incliné vers la terre; le *futur*, en l'élevant à la hauteur des yeux.

« S'il s'agit d'un substantif au lieu d'un verbe, on conjugue la fleur avec un auxiliaire. Exemple: le jasmin est le symbole de l'amabilité; offert droit et de la main droite, il signifie : *Je vous trouve aimable;* penché à gauche et de la main droite : *Vous me trouvez aimable.* Combien votre père, ô Jacobus, était jasmin pour moi ! »

L'amour eut bientôt gravé ces principes dans ma mémoire. L'été, un bouquet placé sur mon sein lui indiquait toutes mes pensées; l'hiver quand les fleurs vinrent à nous manquer, leur nom tracé sur le papier nous instruisait de la situation de nos affaires. A cette époque-là, Jacobus se préparait à faire un voyage à Paris, pour voir un de ses oncles de qui dépendait notre union. Je me rappelle encore le billet qu'il m'écrivit à cette occasion :

« L'absinthe ne peut rien contre le véritable acacia. Tu le sais, j'ai arum serpentaire de l'airelle myrtille. Pas d'adoxa ! Anémone hépatique, ton acacia en est agavé. Éloigne tout asphodèle jaune, et songe à l'armoise de nous revoir.

« Myrte à la hauteur du cœur et myrte à la hauteur des yeux *for ever.*

« JACOBUS. »

Je n'eus pas besoin de recourir au dictionnaire pour traduire immédiatement ce billet :

« L'absence ne peut rien contre le véritable amour. Tu le sais, j'ai horreur de la trahison, Pas de faiblesse ! Aie de la confiance, ton amour est en sûreté. Éloigne tout regret, et songe au bonheur de nous revoir.

« Je t'aime et je t'aimerai toujours.

« JACOBUS. »

Cette lettre tomba entre les mains de mon tuteur, mais il n'y vit que du feu.

Je bénissais le langage des fleurs, et je l'étudiais avec plus d'ardeur que jamais, lorsqu'il faillit à me priver d'un époux, ô Jacobus! et vous d'un père.

Ici Jacobus fils crut devoir essuyer une larme.

Quelques fleurs ouvrent leur corolle à une heure déterminée du jour, et la referment à une autre heure déterminée. Liné en a dressé le tableau. C'est avec ce tableau qu'on compte les heures en langage des fleurs.

HORLOGE DE FLORE

MINUIT...............	Le cactier à grandes fleurs.
UNE HEURE...........	Le laiteron de Laponie.
DEUX HEURES..........	Le Salsifis jaune.
TROIS HEURES.........	La grande Dicride.
QUATRE HEURES.	La Cripide des toits.
CINQ HEURES.	L'Émérocalle fauve.
SIX HEURES............	L'Épervière frutiqueuse.
SEPT HEURES.	Le Souci pluvial.
HUIT HEURES..........	Le Mouron rouge.
NEUF HEURES..........	Le Souci des champs.
DIX HEURES...........	La Ficoïde napolitaine.
ONZE HEURES	L'Ornithogale.
MIDI.................	La Ficoïde glaciale.
UNE HEURE...........	L'OEillet prolifère.
DEUX HEURES...........	L'Épervière piloselle.
TROIS HEURES.........	Le Pissenlit taraxacoïde.
QUATRE HEURES	L'Alysse alystoïde.
CINQ HEURES...........	La Belle-de-nuit.

SIX HEURES............	Le Géranium triste.
SEPT HEURES..........	Le Pavot à tige nue.
HUIT HEURES..........	Le Liseron droit.
NEUF HEURES.........	Le Liseron linéaire.
DIX HEURES...........	L'Hipomée pourpre.
ONZE HEURES..........	Le Silené fleur de nuit.

Je me souviens que ce tableau me donna beaucoup de peine à apprendre. Il en fut de même des jours et des mois. Jacobus m'avait prévenue qu'en fait de jours chacun était libre de se faire un calendrier de fantaisie. Voici le nôtre. Vous pouvez vous en servir, ajouta-t-elle en lançant un coup d'œil sardonique à la Pensée.

SEMAINE DE FLORE

LUNDI..	Baguenaudier.
MARDI	Boule-de-neige.
MERCREDI............	Épine-vinette.
JEUDI	Lilas.
VENDREDI	Cyprès.
SAMEDI..............	Jonquille.
DIMANCHE............	Giroflée.

Pour les mois, rien de plus simple; la nature, en faisant fleurir chaque plante à une époque fixe de l'année, s'est chargée de rédiger cette partie du calendrier.

CALENDRIER DE FLORE

JANVIER	Ellébore noir.
FÉVRIER..............	Daphné bois gentil.
MARS	Soldanelle des Alpes.
AVRIL................	Tulipe odorante.

Mai..................	Spirée filipendule.
Juin	Pavot-coquelicot.
Juillet..............	Chironie petite centaurée.
Aout..................	Scabieuse.
Septembre.............	Cyclame d'Europe.
Octobre	Millepertuis de la Chine.
Novembre	Ximénésie encéléoïde.
Décembre	Lopésie à grappe.

Votre père était de retour de Paris, et mon tuteur me tenait renfermée. Je brûlais cependant de connaître les résultats de son voyage. Je séduisis un de mes gardiens, et j'écrivis la lettre suivante à Jacobus :

« Pleine d'aloès soccotrin et de balsamine, il me faut à tout prix un balisier. Mon tuteur assure que vous m'avez livrée à l'anémone ; j'ai l'aubépine que c'est un infâme buglosse. Comme j'ai souffert depuis notre jasmin de Virginie ! Votre présence me rendra le ményanthe. Nulle clématite ne troublera plus notre orobanche majeure. Je vous attends dans les ruines du vieux château, à salsifis jaune précis. »

Ce qui veut dire :

« Je suis pleine d'amertume et d'impatience. Il me faut à tout prix un rendez-vous. Mon tuteur assure que vous m'avez livrée à l'abandon ; j'ai l'espérance que c'est un infâme mensonge. Comme j'ai souffert depuis notre séparation ! Votre présence me rendra le repos. Nul artifice ne troublera plus notre union. Je vous attends dans les ruines du vieux château, à deux heures précises. »

Je m'en souviendrai toute ma vie; c'était un cyprès d'ellébore noir, autrement dit un vendredi du mois de janvier.

Je sortis pour me rendre dans les ruines du vieux château, où j'arrivai un peu avant que salsifis jaune, c'est-à-dire la deuxième heure, eût sonné au beffroi. J'attendis une heure, deux heures, trois heures, personne ne vint. J'appelai Jacobus, l'écho seul répondit à mes cris. Voyant la nuit tomber, je rentrai chez mon tuteur, me croyant abandonnée et résolue d'en finir avec la vie.

J'accusais votre père d'infidélité, ô Jacobus! et la seule coupable c'était moi, ou plutôt le langage des fleurs.

Comme je n'avais pas sous la main de poison assez subtil, je remis au lendemain mon suicide. Heureuse inspiration! car le lendemain j'appris que les pâtres de la vallée avaient trouvé à l'aube un homme gelé dans les ruines du vieux château. Cet homme c'était votre père.

Au lieu de lui dire : Je vous attends à *epervière piloselle*, qui marque deux heures de l'après-midi, je lui avais donné rendez-vous à salsifis jaune, qui marque deux heures du matin.

Le langage des fleurs a manqué causer la mort de votre père et de votre mère. Voilà où l'étude des langues peut nous entraîner. Ceci vous explique pourquoi votre père a eu toute sa vie le bout du nez gelé, ce qui ne nous a pas empêchés d'être heureux et de n'avoir qu'un enfant.

Jacobus fils se précipita en pleurant dans les bras de sa mère.

— Maintenant que je lui ai fait voir que j'en savais plus qu'elle, dit la bonne dame en regardant la Pensée d'un air menaçant, laissez-moi prendre mon balai, que je mette cette misérable à la porte.

Mais la Pensée n'attendit pas le retour de la vieille; elle s'était déjà esquivée, consternée d'apprendre qu'elle venait de *paonsée*.

Au lieu de représenter la plus noble des facultés humaines, la pauvre fleur ne symbolisait plus que la beauté vaine et inutile. Il y avait de quoi dégoûter de la terre une personne moins délicate que la Pensée.

Jacobus eut une attaque de jaunisse en songeant à la mystification dont il avait été un moment la victime. Il cherche toujours l'idée qui doit le faire ministre ou premier valet de chambre du Roi. La France, qui attend depuis si longtemps un poème, sera obligée de se contenter encore de *la Henriade*.

Le lecteur trouvera, dans le courant de ce volume, les éléments du langage des fleurs, parlé aujourd'hui par les hommes de fantaisie comme Jacobus.

GHASEL

—

LA FLEUR PRÉFÉRÉE

———

On aime les fleurs, on en préfère une à toutes les autres.

C'est la fleur du souvenir, la fleur de l'amour, la fleur de la jeunesse ; c'est celle qu'on cueille aux premiers jours du printemps de la vie.

On associe le nom et les traits d'une personne aimée à l'idée d'une fleur qui vous la rappellera toujours.

Pour les uns, c'est la Rose, le Jasmin, le Lilas, l'Héliotrope, la Verveine ; pour les autres, la Pervenche, la Violette ou la Pensée. Pour tous, le souvenir d'une femme est inséparable de celui d'une fleur.

Le parfum de la Fleur préférée donne une espèce d'ivresse qui laisse la tête et porte sur le cœur.

Sa vue vous arrache au présent ; vous vivez dans le passé, vous revoyez l'étroit sentier où vous passiez tous les deux en frôlant les buissons chargés de rosée, le ruisseau qui reflétait son image ; vous entendez sa voix, sa douce voix, qui vous appelle.

D'autres fois encore, vous vous dites : C'était la fleur qu'aimait ma mère, ou dont ma sœur se parait.

Et vous pensez à votre enfance, à votre mère qui vous regarde d'en haut, à votre sœur, si chaste, si pure, si belle, que Dieu la prit pour en faire un de ses anges.

Malheur à celui qui n'a pas senti ses yeux se mouiller de larmes à la vue d'une certaine fleur ! Celui-là n'a été ni un enfant, ni un jeune homme ; il n'a eu ni mère, ni sœur, ni fiancée ; il n'a jamais aimé.

On porte la fleur préférée à sa boutonnière ; on en suspend un rameau au chevet de son lit, on en envoie un bouquet à ses chers amis.

La Fleur préférée porte bonheur.

Il faut avoir sa fleur sur la terre et son étoile au ciel.

Méfiez-vous de ceux qui riront de cette superstition.

Ma Fleur préférée, c'est le Jasmin.

Pendant qu'il fleurit, il me semble sentir quelque chose de vif, de doux, de pénétrant au fond de mon cœur, une espèce de bien-être qui disparaît quand le Jasmin commence à se flétrir.

Il existe comme une union intime entre moi et le Jasmin. Il est vrai qu'il me rappelle tant de choses!... Mais ce n'est pas mon histoire que je veux vous raconter, vous la savez, parce que cette histoire est aussi la vôtre.

Fleur préférée, douce et charmante fleur dont on dit le nom tout bas, comme celui d'une femme aimée, le cœur qui ne subit plus ta mystérieuse influence est un cœur flétri à jamais. Il bat encore, mais il ne palpite plus; il vit, mais il a cessé de sentir.

Garde longtemps pour moi ton parfum, garde-le toujours, et qu'on grave ces mots sur ma tombe :

UN SEUL AMOUR, UNE SEULE FLEUR!

I. — 4

UNE MALICE

DE

LA FÉE AUX FLEURS

Vous avez sans doute entendu dire que Christophe Colomb, débarquant à Cuba vers l'année 1492, trouva tous les sauvages sur le rivage, un arc à la main, la pipe à la bouche.

Le naturaliste de l'expédition, chargé d'examiner la substance dont ces sauvages aspiraient le parfum, découvrit le tabac, qui ne portait pas encore ce nom; il lui vient de la ville de *Tabago*, où les cigarettes naissent toutes roulées sur les plantes.

Le tabac devrait s'appeler du nom du naturaliste en question; mais lui aussi trouva son Améric Vespuce dans le sieur Nicot (Jean), ambassadeur de S. M. T. C. François II auprès de Sébastien, roi de Portugal.

Les savants placent l'ambassade du sieur Nicot (Jean) dans l'année 1560.

Le tabac aurait donc été découvert vers la fin

du quinzième siècle, et introduit en France un mois après. Le moyen âge a fumé.

Les nez du temps de Louis XII goûtèrent les premiers les ineffables douceurs du tabac à priser. La tabatière de Marion Delorme fit sensation en son temps. J'aime à croire qu'on l'a conservée au musée Du Sommerard.

M. de La Rochefoucauld excellait dans l'art de faire tourner une tabatière entre ses doigts et de la glisser ensuite dans la poche de son gilet, geste qu'imitèrent depuis, avec tant de bonheur, les premiers rôles de la Comédie-Française. C'est en prisant que M. de La Rochefoucauld écrivit ses *Maximes*.

Après ces quelques détails, vous en savez assez pour vous faire une réputation d'érudit dans le monde; c'est pour cela que nous vous les avons donnés, car, pour notre part, nous ne les tenons nullement pour authentiques.

Nous assignons au tabac une origine entièrement différente.

Que Jean Nicot ait fait hommage, à son retour de Portugal, d'une livre de tabac à Catherine de Médicis, ce qui fit surnommer cette plante *herbe à la reine*;

Que le cardinal Sainte-Croix et le légat Tornabone aient introduit le tabac en Italie, sous le double pseudonyme d'*herbe de Sainte-Croix et de Tornabone*;

Que le tabac ait été traité de poison, et porté ensuite aux nues sous le nom de *panacée antarc-*

tique, d'*herbe sainte,* d'*herbe à tous les maux*;

Qu'on l'ait appelé *buglosse, jusquiame du Pérou*;

Que, vers 1696, les consommateurs qui avaient lu la *Botanique* de M. de Tournefort allassent dans les bureaux de tabac demander pour deux sous trois deniers de nicotiane;

Tout cela est fort possible.

Que le roi Jacques Ier ait écrit, en 1619, un livre contre le tabac, intitulé *Misocapnos,* auquel les jésuites du Portugal répondirent par un autre livre intitulé *Anti-Misocapnos;*

Qu'en 1622 Néandri ait publié la *Tabacologie;* en 1628, Raphaël Torius, son poème *Hymnus tabaci,* et qu'en 1845, Barthélemy ait fait paraître son *Art de fumer;*

Que le pape Urbain VIII ait lancé les foudres de l'excommunication contre tous ceux qui feraient usage du tabac;

Que la reine Élisabeth ait défendu de priser dans les églises, et autorisé les bedeaux à confisquer les tabatières récalcitrantes;

Que le schah de Perse Amurat IV et le grand-duc de Moscovie aient interdit l'habitude de fumer et de priser, sous peine d'avoir le nez coupé;

Qu'aujourd'hui, enfin, le tabac rapporte à l'État, malgré le *Misocapnos;* l'excommunication d'Urbain VII et les édits d'Amurat, plus de cent millions par année;

Tout cela peut être de l'histoire; mais la vé

4.

rité est que la Fée aux Fleurs ne pouvait se
consoler du départ de ses compagnes.

Dans sa douleur, elle cherchait à leur jouer
quelque bon tour de sa façon.

Les Fleurs, se dit-elle, sont devenues femmes.
Comme telles, les hommages des hommes leur
sont nécessaires. Elles se dégoûteraient bien
vite de la terre, si je trouvais un moyen de les
leur enlever.

Elle songea alors à un Génie jeune, beau,
brillant; Génie à bonnes fortunes, s'il en fut
jamais, qui avait renoncé tout à coup au commerce des fées, et s'était retiré dans sa grotte
pour se livrer tout entier au plaisir de fumer.

Il avait la plus belle collection de pipes qu'il
fût possible de voir. Tantôt il fumait dans une
perle, tantôt dans une noix d'or vierge. Il avait
un talent particulier pour communiquer aux pipes cette teinte chaude et foncée, cette espèce
de cuisson dorée qui en rehausse tant la valeur.
Rien ne résistait à ses aspirations savantes et
mesurées. Pour nous servir du langage vulgaire, nous dirons que le Génie était parvenu à
culotter le diamant.

Qu'est-ce que la femme en Orient, dans les
pays où l'on fume l'opium? Un jouet, rien de
plus. Les hommes, perdus dans les délices in-
finies de l'ivresse, ne songent pas aux femmes,
ou, s'ils s'en occupent, c'est pour en faire le
jouet de leurs bizarres caprices. La Chinoise
n'a plus de pieds, son teint disparaît sous une

couche de plâtre, on lui rase les sourcils ; c'est un
animal curieux, une image de paravant vivante
dont le maître s'amuse entre deux extases. —
L'opium n'est point approprié au climat de
l'Europe, se dit la Fée aux Fleurs, remplaçons-le
par le tabac.

En apprenant aux hommes à fumer, ils feront
comme le Génie, ils s'éloigneront des femmes.
J'ai trouvé ma vengeance. Et le tabac fut inventé.

Nous ne savons pas quels moyens elle em-
ploya pour révéler les vertus de cette plante à
la terre ; si elle se servit de l'intermédiaire des
habitants de Cuba et de Jean Nicot. Ce qu'il y a
de certain, c'est qu'il n'existe pas une femme
aujourd'hui qui n'ait à se plaindre du tabac.

Le mari déserte le coin du feu et abandonne
sa femme pour aller fumer au cerle ou à l'esta-
minet.

Les causeries de salon sont délaissées, tant
les hommes ont hâte de rejoindre cet ami qui
les attend à la porte de l'hôtel, le cigare.

Si le moment des reproches arrive entre un
amant et une maîtresse, la malheureuse n'a plus
la ressource des longues récriminations, des
accusations amères. Qu'elle parle pourtant, on
l'écoutera avec patience et résignation : on vient
d'allumer un cigare.

Voyez ce jeune homme qui se promène rêveusement sous les arbres ; est-ce le portrait
de sa bien-aimée qu'il tient entre ses mains, et

qu'il contemple si amoureusement? C'est son porte-cigare.

Il est vrai que peut-être elle le lui a brodé. C'est le seul *souvenir* qu'on accepte aujourd'hui.

Le tabac est le dieu de l'humanité. Si jamais le rêve des utopistes se réalise, si les nations de l'Europe finissent par ne plus former qu'une seule famille, voici à coup sûr quelles seront les armoiries adoptées par la société nouvelle: Une tige de tabac étendant ses racines sur une mappemonde écartelée de pipes, portant de cigares sur champ de blagues au narguillé embrasé.

Un moment la Fée aux Fleurs put croire à la réussite de son entreprise; les femmes étaient complètement délaissées, leur empire avait cessé d'exister. Quelques maris parlaient même déjà d'enfermer leurs femmes dans un sérail, de leur disloquer les pieds, de leur percer le nez avec des os de poisson, et de les peindre en bleu.

Mais les femmes ont conjuré l'orage, et leur abaissement n'a pas été de longue durée; elles ont bien vite trouvé un moyen de reconquérir l'homme: elles se sont mises à fumer.

La Fée aux Fleurs, si elle veut parvenir à son but, doit songer à faire mouvoir d'autres ficelles.

FLEUR DE GRENADIER

—

LA FLEUR DU PAYS

CHAQUE pays a sa Fleur. La Bretagne a le Genêt ; l'Auvergne, la Lavande ; la Normandie, la fleur étoilée du Pommier ; le Lis se plaît dans les vallons de la Touraine ; les prés du Languedoc sont émaillés des plus belles Marguerites, et les ruisseaux du Berri sont bordés des Muguets les plus frais.

Connaissez-vous la Cassie ? C'est la Fleur de la Provence, la Fleur de mon pays.

Sa feuille est découpée comme une dentelle ; elle fleurit à l'automne sur un buisson épineux. Quand les Roses se sont fanées, quand le Chèvrefeuille n'a plus de fleurs, quand le Grenadier inodore arbore ses aigrettes éclatantes, la Cassie répand son parfum pénétrant.

Sa tige est si courte qu'on n'en peut faire des bouquets ; les jeunes filles la tiennent entre leurs lèvres vermeilles, sur lesquelles elle brille comme une petite boule d'or.

En voyant la Fleur du pays, l'exilé songe au retour, et, aspirant son parfum, il croit un moment sentir les brises de la terre natale.

J'ai vu des Lis fleurir sur la rive étrangère : chaque fois que le vent courbait leur haute tige, il me semblait qu'ils inclinaient leur tête pour saluer un compatriote, un ami.

Pauvres Lis ! je les trouvais plus penchés, leur calice pâle était mouillé de larmes ; on eût dit qu'ils regrettaient la France ainsi que moi.

Comme en entendant les cloches du lieu natal, ou le refrain d'une mélodie qu'on vous chantait dans votre enfance, on pleure à la vue de la Fleur du pays !

Elle vous regarde, elle vous reconnaît, elle vous parle : Je suis ta sœur, ramène-moi sur la colline, dans le vallon, au milieu des prés, sur les bords du ruisseau où je suis née.

Là, les vents sont plus doux, l'onde plus fraîche, les bois plus murmurants, le chant des oiseaux plus harmonieux. Je languis loin de la patrie ; emmène-moi !

Voilà ce que dit la Fleur du pays.

Heureux ceux qui la trouvent sur leur passage, car c'est la voix consolante du souvenir qui vous parle dans sa corolle parfumée.

Le Genêt d'or, la Lavande à l'épi bleuâtre, le

CHÈVREFEUILLE

Lis penché, les blanches Marguerites, les Muguets frais et odorants croissent dans bien des
lieux; mais il est une fleur qu'on ne trouve
qu'en Provence : c'est la Cassie, la Fleur de
mon pays.

Amarante.

TULIPE

LA SULTANE TULIPIA

I

LE RÊVE DE VAN CLIPP

PORTANT une riche cargaison de denrées co-
loniales, sucre, café, indigo, épices de tous
les genres, le navire de mein heer Van Clipp
filait ses douze nœuds à l'heure.

Tout présageait un heureux voyage. Assis à
la proue, le digne armateur fumait tranquillement sa pipe, en songeant au moment où il
reverrait sa petite maison de Harlem, si propre
et si reluisante, son jardin si coquettement
ratissé, et surtout ses chères tulipes.

Mein heer Van Clipp avait versé des larmes
bien amères, quand il lui avait fallu quitter ses
fleurs de prédilection. La mort d'un frère, dont
il était l'unique héritier, l'avait conduit à Java.
La succession liquidée, il revenait dans sa patrie
avec sa fille, l'incomparable Tulipia. Son père
avait voulu que la plus belle des filles portât le

nom de la plus belle des fleurs. Elle le justifiait, du reste, d'une façon complète ; car si ses couleurs fraîches et éclatantes, son port majestueux, excitaient l'admiration, elle manquait de cette vivacité, de cette ardeur d'esprit et de corps qui forme la grâce la plus séduisante de la jeunesse : la tulipe n'avait pas de parfum.

Tout en fumant sa pipe, Van Clipp repassait dans son esprit tous les plaisirs qui l'attendaient en Hollande. D'abord, les embellissements à faire à sa serre, sa collection de tulipes à augmenter, oh ! pour cela, aucun sacrifice ne devait lui coûter ; puis, mettant à profit ses loisirs, il terminait son grand ouvrage sur les tulipes, contenant l'histoire de cette fleur depuis la création du monde jusqu'à nos jours.

La matière était féconde, et Van Clipp en avait déjà traité une partie. Il apprenait d'abord comment on donne à la tulipe toutes les nuances du prisme, depuis la couleur la plus tranchée jusqu'au reflet le plus indécis, comment on en obtient de tachetées ; comment les unes naissent mouchetées, coupées de zébrures, semées de flammes et de broderies ; les autres, fouettées de vingt nuances, jaspées, panachées, parangonnées, couvertes de petits yeux.

Passant ensuite à l'histoire, Van Clipp racontait les mesures sévères adoptées par les États généraux pour interdire à tout Hollandais, sous peine d'exil et de confiscation de ses biens, le commerce des tulipes.

Il est vrai que le goût des tulipes avait été poussé jusqu'à la folie. Tout l'argent du pays s'engloutissait dans des pots à fleurs. Le *Vice-Roi* avait coûté trente-six sacs de blé, soixante-douze sacs de riz, quatre bœufs gras, douze brebis, huit porcs, deux muids de vin, quatre tonneaux de bière, deux tonnes de beurre salé, cent livres de fromage et un grand vase d'argent. Dix ognons de tulipes, vendus aux enchères publiques, avaient produit quatre-vingt mille francs. Un amateur offrit douze arpents de terre pour un seul petit ognon. Un paysan, trouvant sur le secrétaire de son maître quelques ognons de tulipes, les mit en salade, croyant qu'il s'agissait d'ognons ordinaires : cette salade valait cent mille francs.

Il parlait de l'influence de la tulipe sur tous les peuples en général, et sur les Turcs en particulier, qui ont eu le bon goût d'emprunter la forme de cette fleur pour leur coiffure.

Un chapitre tout entier était consacré à la description de la *Fête des Tulipes*, qui se célèbre chaque année avec une grande pompe, au commencement du printemps, dans le sérail du Grand Seigneur. Le tout était écrit en latin, comme il convient à un livre de cette importance et de cette gravité.

Pendant que son père rêvait ainsi à sa félicité future, la belle Tulipia dormait dans son hamac.

Van Clipp allait allumer sa seconde pipe, lorsqu'une violente détonation se fit entendre, et un boulet vint se loger dans les sabords.

— Qu'est-ce que cela signifie? demanda Van Clipp.

— Cela signifie, répondit le capitaine, que nous sommes attaqués par un corsaire barbaresque.

— Il faut nous défendre.

— Avec quoi? avec cette longue vue?

Un second coup de canon partit, et un second boulet coupa en deux le mât de perroquet.

Le capitaine donna ordre d'amener le pavillon.

En une heure de temps, Van Clipp, sa fille, la belle Tulipia, son sucre, son café, son indigo, ses épices, passèrent à bord du corsaire. Un mois après, le digne Hollandais bêchait le jardin d'un vieux Turc, qui, en guise de tulipes, lui faisait cultiver des choux et des navets. Sa fille avait été réservée pour le harem du sultan

II

LE HAREM

Le sultan Shahabaam, dévisageant, pour la première fois, la belle Tulipia de son regard d'aigle, s'écria tout de suite : C'est une Circassienne!

En conséquence, il la nomma sultane favorite.

Ce poste était brillant, mais glissant en diable avec un prince aussi fantasque, aussi avide de plaisirs que le sultan Shahabaam.

Aussi, le crédit de Tulipia, qui d'abord fut

sans borne, baissa-t-il peu à peu. Shahabaam commença par lui préférer un ours, puis des poissons rouges. Au bout de trois mois, il n'était question au sérail que de la promotion prochaine d'une actrice des Variétés, captive depuis peu, au grade de sultane favorite.

Si Tulipia avait eu autant d'ambition que de beauté, elle eût longtemps conservé sa puissance; mais elle était nonchalante, son esprit manquait de mouvement; elle ne savait ni chanter, ni danser, ni faire des calembours, ni deviner des rébus, ce qui était un grave défaut aux yeux d'un maître aussi subtil que Shahabaam.

Les appartements de la sultane favorite donnaient sur un magnifique jardin. Les persiennes ouvertes laissaient parvenir la fraîcheur de la brise, qui se jouait dans les stores aux reflets éclatants. Tulipia, couchée sur son ottomane, versait des larmes, et prononçait le discours suivant en phrases entrecoupées :

— Pourquoi faut-il que le sort m'ait donné pour maître un sultan aussi spirituel que Shahabaam. Je suis belle, mais voilà tout. La Tulipe n'a pas d'autres avantages que la figure. J'avais déjà si bien choisi mon existence une première fois. J'ai voulu vivre et je me suis faite Hollandaise. Il semblait que le hasard eût pris à tâche de me favoriser encore en me faisant tomber entre les mains d'un corsaire barbaresque. N'avais-je point, en effet, toutes les qualités d'une odalisque, dont tous les devoirs se résument dans ces deux mots : Plaisir, beauté ! Comme tout cela a mal tourné ! Quelqu'une de vous connaît-elle la rivale que Shahabaam me préfère !

La Tulipe s'adressait à un groupe de femmes assises sur un tapis à ses pieds.

Comme le lecteur clairvoyant n'aura pas manqué de le deviner, ces femmes étaient autant de fleurs qui avaient choisi le sérail pour y fixer leur résidence : les unes, comme la Tubéreuse et la Capucine, par suite de leur nature ardente et voluptueuse ; les autres par insouciance, comme l'Hortensia et la Boule-de-Neige.

— Tu as affaire à forte partie, ma chère Tulipe, répondit la Capucine : cette actrice des Variétés n'est autre que notre sœur la Rose-Pompon, dont vous connaissez la spirituelle gentillesse.

— Je suis perdue ! s'écria douloureusement la Tulipe. Avec tout autre que Shahabaam, je n'hésiterais pas à combattre la Rose-Pompon ; mais avec lui, c'est impossible.

III

SULTAN SHAHABAAM

Le sultan Shahabaam, qui devait, quelques années plus tard, étonner les Parisiens par la force de ses reparties et la profondeur de son esprit, sortait à peine, à cette époque, de la première jeunesse. Aussi bon administrateur qu'habile politique, sa maxime favorite était celle-ci : Fais ce qui te plaît, advienne que pourra.

Après la passion d'assurer le bonheur de son peuple, Shahabaam n'avait pas de distraction plus grande que celle de faire des ronds en crachant du haut des créneaux de son palais dans la mer. Il tenait ce goût de son aïeul Shahabaam Ier, dit le Grand.

Un jour il fit cette réflexion, qu'un objet plus lourd qu'un peu de salive ferait, en tombant dans la mer, un rond plus grand, et, par conséquent, plus agréable à l'œil. Il chercha quel objet il pouvait choisir pour cet usage, et, insensiblement, ses idées se reportèrent sur la sultane favorite.

— Décidément, se dit-il, cette Tulipia est bête comme une oie; oui et non, voilà tout ce qu'on en peut tirer. Une femme sans esprit est comme une fleur sans parfum, ainsi que je l'ai dit dans la dernière séance du conseil d'État. Il me faut une autre sultane favorite. D'ailleurs, je soupçonne celle-ci d'entretenir des relations avec un jeune Grec. Je puis me tromper, mais il me plaît de croire que je ne me trompe pas : cela suffit.

Shahabaam manda le chef des eunuques, et lui dit quelques mots à l'oreille.

IV

UN ROND DANS LA MER

Le même jour il y eut fête au sérail, pour célébrer l'avènement de Rose-Pompon, la nouvelle sultane favorite. Danses, jeux de bague, tir à l'arbalète, loterie de macarons, ombres chinoises, rien ne fut épargné pour rendre la fête digne de celui qui la donnait et de celle qui en était l'objet.

Avant le coucher du soleil, Shahabaam, suivi de toute la cour, monta sur la tour la plus haute, du palais. Quatre esclaves l'attendaient, tenant un sac de cuir dans lequel semblait se mouvoir une forme humaine. Les esclaves balancèrent pendant quelques minutes leur fardeau, et, sur un signe du maître, ils le lancèrent pardessus les créneaux.

Shahabaam se pencha en dehors de la plateforme, suivit du regard la chute du sac dans les flots, et, quand l'eau se fut refermée, il se retira en s'écriant : Oh! le magnifique rond !

Ce magnifique rond, c'était le corps de l'incomparable Tulipia qui l'avait produit en tombant dans la mer.

On se raconta pendant quelques jours l'histoire de la fin tragique de la pauvre sultane, puis on n'en parla plus ; personne ne la regretta : la beauté sans intelligence laisse peu de traces dans le souvenir.

ROSE

FRAGMENTS PRIS AU HASARD

L'ALBUM DE LA ROSE

C'EST par une belle matinée de mai que je fis ma première apparition sur la terre.

L'air était plein de parfums et de doux murmures d'amour, les feuilles venaient d'éclore, l'alouette chantait dans un rayon de soleil, la bergeronnette trottait le long des buissons.

Je jetai les yeux autour de moi ; un frelon doré se roulait sur le sein d'une rose entr'ouverte à l'aurore.

Pauvre sœur ! me dis-je, elle n'a pas osé, comme moi, briser son enveloppe et s'élancer vers une nouvelle vie ; elle est condamnée à subir les embrassements d'un insecte vulgaire : ce soir, ses feuilles souillées et flétries couvriront le sol autour d'elle.

Heureuse d'être femme, je poursuivis mon chemin.

5.

— Où allez-vous donc si matin, la jeune fille aux fraîches couleurs ? me dit le jeune paysan. Êtes-vous la déesse de Mai qui vient parcourir ses domaines !

— Holà ! mon joli Bouton de Rose, me cria un beau cavalier, que faites-vous si tard sur la route ? Ne voyez-vous pas que le soleil s'est levé ? Ses rayons vont brûler votre teint vermeil ; montez en croupe et venez avec moi : le galop de mon cheval est rapide, et le sentier qui mène à mon château est bordé d'arbres verts et d'aubépines en fleur.

Je suivis le beau cavalier.

Temps heureux de ma jeunesse, sous quelles riantes couleurs vous vous présentez à mon souvenir !

J'étais entourée d'hommages et de flatteries : mes moindres désirs étaient à l'instant satisfaits. On me disait sur tous les tons que j'étais belle ; vingt poètes se disputaient l'honneur de m'adresser des sonnets. Je n'avais aucun vœu à former et pourtant je désirais quelque chose.

A tout prendre, je n'étais qu'une reine champêtre, régnant sur de simples villageois et sur quelques vieux littérateurs retirés à la campagne. Il me fallait le bruit de la ville, les hommages de la cour.

Une nuit, je quittai le château pour suivre furtivement le gouverneur de la province, nommé à une des grandes charges de l'Etat.

Dire quelle sensation produisit mon arrivée

dans la capitale, est chose impossible. Jamais
rien de plus parfait ne s'est offert à nos regards,
disaient les courtisans. Le roi demanda à me
voir et devint éperdument amoureux de moi.

.   .   .   .

.   .   .   .

.   .   .   .

Bénite soit l'heure où j'ai quitté le jardin de
la fée, me disais-je souvent ; la rose sur sa tige
reçoit le tribut d'admiration universelle, et moi,
seule rose vivante, je lui dispute le sceptre
de la beauté. Comme fleur et comme femme,
mon amour-propre goûtait les douceurs d'un
double triomphe,

Le roi s'épuisait pour moi en attentions délicates ; il m'avait surnommée sa Rose précieuse,
et institua dans le goût des jeux Olympiques,
sous le nom de *Jeux de la Rose*, un concours
en mon honneur pour déterminer quelle était
l'origine de cette fleur. Le vainqueur devait
recevoir une couronne de mes mains et un baiser
de mes lèvres.

La valeur de la récompense à mériter mit le
feu à toutes les imaginations de l'empire. Plus
de six cents poètes se présentèrent au concours.

Un premier poète s'avança et se mit chanter
l'embarras de la terre au moment où Vénus
sortit de l'écume des flots. Comment orner le
front d'une aussi belle créature ! La terre fit
naître la rose, et le problème fut résolu.

Un second poète raconta comment la rose s'échappa de l'Aurore jouant avec le jeune Tithon.

Ce n'est point la terre, ce n'est point l'aurore, c'est une déesse qui nous a donné la rose, s'écria un troisième poète. Voici son origine, et il chanta les strophes suivantes en s'accompagnant de la lyre à trois cordes :

I

De toutes les jeunes filles de Corinthe, la plus belle est Rodante. Junon n'a pas une démarche plus noble, et son teint est plus blanc que le plumage même des colombes de Vénus.

II

Mais Rodante est insensible à l'amour, elle s'est consacrée à Diane.

III

Cependant les plus beaux et les plus riches jeunes gens de Corinthe n'ont point renoncé à l'espoir de toucher son cœur ; ils suspendent des guirlandes de fleurs à sa porte, et font des sacrifices à Cupidon pour qu'il la rende moins cruelle.

IV

Un jour Criton, fils de Cléobule, et l'ardent Clésiphon rencontrent Rodante et la poursuivent jusque dans le temple de Diane, où elle s'est refugiée. Rodante appelle le peuple à son secours ; il arrive, et la voyant si belle, si noble, si pudique, la foule s'écrie : C'est Diane elle-même, c'est la chaste déesse ! adorons-la et plaçons-la sur le piédestal,

V

Rodante pria Diane d'empêcher cette profanation. La déesse, touchée de ses larmes, la changea en rose[1].

VI

Depuis ce jour, les Corinthiens vouèrent aux roses un culte particulier, et prirent pour symbole de leur ville une jeune fille au front couronné de roses.

Il dit, et un murmure d'approbation succéda à son chant. D'autres poètes se présentèrent ensuite.

L'un parla du désespoir de Vénus à la mort d'Adonis. Elle couvre de ses larmes le corps du beau chasseur ; elle veut le rappeler à la vie. Efforts inutiles : l'arrêt de Jupiter est irrévocable. Du moins, s'écrie la déesse, que son sang n'ait point coulé inutilement, et que de la terre rougie sortent des touffes de roses comme pour embaumer le cadavre d'Adonis.

L'autre nous dit les ruses de Zéphyre amoureux de Flore. Rien ne pouvait toucher le cœur de la déesse, ni les parfums semés sur ses pas, ni les fraîches brises se jouant autour de son front, ni les vers harmonieux chantés dans le feuillage : Flore n'aimait que ses fleurs. Zéphyre se change en une fleur si belle que Flore s'approche pour l'admirer. Attirée par son parfum,

1. Rose, en grec, *rodon*.

elle se penche enivrée, éperdue, entraînée par un charme secret; elle dépose un baiser sur sa corolle. C'est ainsi que se consomma l'union de Zéphyre et de Flore.

Cette fleur, c'était la Rose.

La plupart des poètes se rallièrent à ces opinions, sauf quelques variantes. Il y en avait, par exemple, qui prétendaient que la rose était née, en même temps que Vénus, de l'écume des flots, et qu'elle avait conservé sa couleur blanche jusqu'au jour où Bacchus laissa tomber une goutte de sa liqueur divine sur la rose qui ornait le sein d'Aphrodite.

D'autres soutenaient qu'au banquet des dieux, l'Amour ayant renversé, d'un coup d'aile, la coupe pleine de nectar que le maître des dieux allait porter à ses lèvres, quelques gouttes tombèrent sur la couronne de roses blanches de Vénus. Depuis, les roses conservèrent la couleur et le parfum du nectar.

Aucune de ces versions ne satisfit le roi. Il ordonna néanmoins que de riches présents fussent faits aux poètes, et le concours fut renvoyé à l'année suivante.

C'est pendant cette année que croulèrent le paganisme et l'empire romain. Le règne des courtisanes et des roses semblait fini pour jamais.

J'ai remarqué que mon existence comme femme a constamment dépendu de mon existence comme fleur; j'ai été heureuse ou malheureuse, fêtée ou délaissée, selon que les hommes ont plus ou moins aimé la rose. . .

. . . .

. . . .

Les derniers siècles de Rome n'aimèrent qu'un seul genre de femmes, les courtisanes ; ils ne connurent qu'une fleur, la rose.

Marc-Antoine, à son lit de mort, voulut qu'on le couvrît de roses.

Pour retrouver sa première forme, l'âne d'Apulée n'eut qu'à manger des roses.

Les anciens jetaient des roses sur les tombeaux et venaient chaque année offrir des mets de roses, *rosales escœ*, aux mânes de leurs parents et de leurs amis.

C'est le front couronné de roses que les convives échangeaient entre eux la coupe des festins.

Les peintres égayaient le front mélancolique d'Hécate d'une couronne de roses.

On plaçait sur la table un vase dont l'ouverture était cachée par des roses. Ces roses étaient l'emblème gracieux de l'aimable discrétion qui doit suivre les gais propos échappés à la gaieté de la table. Malheur au profane qui eût découvert *le pot aux roses.*

C'était le temps où Néron partageait le trône avec Poppée, et lui faisait rendre les honneurs divins.

Je m'appelais alors Lesbie ; j'avais une villa à Pœtum, où les poètes venaient me réciter leurs odes.

Le christianisme rendit un culte à la rose, mais la fleur de Vénus devint la Rose mystique, la sœur du Lys ; elle fit pénitence de ses péchés.

Les mains des jeunes filles effeuillèrent dans les processions des roses devant la croix.

Les autels des églises champêtres furent parés de roses.

La main qui donne la bénédiction à la ville et au monde, *urbi et orbi*, s'étend aussi chaque année sur les roses, pendant ce jour appelé *dominica in rosa*.

L'étendard que Charlemagne reçut du pape était parsemé de roses.

Les anges descendaient du ciel pour offrir des roses à une sainte, ainsi que le témoigne la vie de sainte Dorothée.

Des guirlandes de roses pendaient à la harpe de sainte Cécile.

Dieu changea en roses le pain accusateur qui devait conduire à la mort la sainte duchesse de Bavière.

Pendant ce temps-là, il ne restait aux pauvres femmes de ma sorte qu'à imiter l'exemple de Madeleine. Je me réfugiai donc dans une grotte, où je vécus, pendant plusieurs années de prières et de racines. (*Ici manquent vingt et un feuillets*).

J'apprends par un exilé de Constantinople qui est venu se faire ermite non loin de ma grotte, qu'il existe en Orient un prophète du nom de Mahomet, qui promet à ses sectateurs un paradis où folâtrent des houris sous des bosquets de roses sans cesse renaissantes.

Je pars pour l'Orient. . . . .

. . . .

. . . .

Un poète persan me dédie un poème de trois cent mille vers sur la rose. Ma santé, dérangée par les fatigues de cette lecture, m'oblige à changer de climat.

. . . .

. . . .

Nous sommes en plein moyen âge.

J'arrive en France.

Il faut convenir que Paris est une ville assez maussade. On s'y égorge à tous les coins de rues, et l'on y meurt de la peste. On n'a guère le temps de songer aux femmes et aux fleurs.

Enfin Malherbe vint, et, le premier en France, il donna à la rose une vogue immense, grâce aux stances adressées à l'infortuné Dupérier.

> Elle était de ce monde, où les plus belles choses
> Ont le pire destin,
> Et rose elle a vécu ce que vivent les roses,
> L'espace d'un matin.

Le poète Ronsard a, lui aussi, parlé de la rose dans une pièce de vers que bien des gens préfèrent à celle de Malherbe. Que l'ombre de Boileau lui pardonne !

> Mignonne, allons voir si la rose
> Qui ce matin avait déclose
> Sa robe de pourpre au soleil
> N'a point perdu, cette vesprée,
> Les plis de sa robe pourprée
> Et son teint au vôtre pareil.
>
> Las ! voyez comme en peu d'espace,
> Mignonne, elle a dessus la place
> Ses fraîches beautés laissé choir.
> Oh ! vraiment marâtre nature.
> Puisqu'une telle fleur ne dure
> Que du matin jusques au soir ;
>
> Donc, si vous m'en croyez, mignonne !
> Tandis que votre âge fleuronne
> En sa plus verte nouveauté,
> Cueillez, cueillez votre jeunesse :
> Comme à cette fleur, la vieillesse
> Fera ternir votre beauté.

Je n'en finirais pas, si je voulais citer tous les poètes qui, depuis Malherbe et Ronsard, ont célébré la rose.

Delille s'est écrié un jour :

> Mais qui peut refuser son hommage à la rose,
> La rose dont Vénus compose ses bosquets,
> Le printemps sa guirlande et l'amour ses bouquets ?

En terminant, je ne puis m'empêcher de mentionner ce vers si délicat et si ingénieux, qu'on a pu un instant appeler le vers du siècle :

> Une femme est comme une rose.

J'ai appris que l'auteur se nommait M. Du-
paty, et qu'il était membre de l'Académie française.

. . . .

. . . .

Dès que les roses redevinrent à la mode, je
sentis s'améliorer ma position. Depuis François
Ier jusqu'à Louis XIV, je... (*Pages maculées.*)

Dans l'année 1754, je recevais beaucoup chez
moi un financier, lequel financier aimait par
dessus toutes choses la conversation des beaux
esprits.

La plupart des gens de lettres étaient donc
admis à ma table et dans mes salons ; ils recon-
naissaient mon bon accueil en m'adressant un
exemplaire de leurs ouvrages. L'un deux me
dédia un poème en trois chants, intitulé *l'Art
de cultiver les roses*. J'extrais des notes les
particularités suivantes qui flattent mon amour-
propre de fleur :

Le dieu Vichnou cherchant une femme, la
trouva dans le calice d'une rose.

Saint François d'Assise, afin de mortifier sa
chair, se roula un jour sur des épines. Aussitôt,
à chaque endroit où le sang du saint avait coulé,
surgissent des roses blanches et rouges.

Pendant le moyen âge, une loi formelle
permettait aux nobles seulement de cultiver les
roses.

Le chevalier de Guise s'évanouissait à la vue
d'une rose, et le chancelier Bacon entrait en

fureur en apercevant la même fleur, même en peinture.

Marie de Médicis était sujette à la même infirmité.

Au douzième siècle, le pape institua l'ordre de la Rose d'or. A chaque avènement, le pape l'envoyait au nouveau souverain en signe de reconnaissance officielle

Le Grand Mogol voguait un jour avec Nourmahal, son esclave favorite, sur un bassin que la capricieuse odalisque avait fait remplir de roses. La rame fendait des vagues de feuilles, et à chaque mouvement elle faisait fuir derrière elle un sillon d'or mouvant qui surnageait comme une huile brillante. Nourmahal mit la main dans l'eau et la retira toute parfumée. C'était l'essence que le soleil avait dégagée de la fleur, l'eau de rose était née de la fantaisie d'une femme.

. . . .

. . . .

Saint Médard, évêque de Noyon, inventa, en 532, les rosières. Sa sœur fut couronnée la première à Salency, berceau de l'institution. . . .

Mon Dieu ! dis-je un jour au savant auteur de *l'Art de cultiver les roses*, poème en trois chants, pourriez-vous m'apprendre pourquoi on a choisi la Rose pour récompense de la vertu ? Un tel honneur me semblerait bien plutôt mérité par la Violette, par exemple, ou par le Lis.

— Belle Eglé, me répondit le poète, c'est qu'on a compris que la vertu elle même avait besoin de parure, et voilà pourquoi on a choisi la Rose, la fleur de la beauté !

(Le manuscrit de la Rose s'arrête au seizième siècle. Cependant le lecteur ne sera pas complètement privé de la suite de ces mémoires intéressants. Tout porte à croire que la Rose émigra pendant la Révolution. Elle rentra en France sous le Directoire, Barras la fit rayer de la liste des émigrés. Nous avons trouvé dans les papiers de la Rose des notes et des documents d'une authencité suffisante pour nous permettre de résumer les diverses péripéties de son existence, depuis l'an VII de la République française jusqu'à nos jours.).

LES DERNIERS JOURS DE LA ROSE

— 1797-1846 —

De retour de l'émigration, la Rose prit le nom de Mme de Sainte Rosanne.

C'est sous ce nom qu'elle fit les beaux jours du Directoire. Nulle ne portait avec plus d'élégance la robe ouverte à la Diane chasseresse : les cheveux, bouclés par derrière, lui allaient à merveille.

Elle menait grand train, tenait table ouverte recevait les poètes, les généraux, les ministres ; Bonaparte lui fut présenté, et des contemporains nous ont assuré que le futur empereur ne produisit qu'une médiocre sensation dans le salon de Mme de Sainte-Rosanne.

Jamais, même au temps de l'empire romain,

tant regretté par elle dans les fragments que nous venons de soumettre au lecteur, la rose ne fut plus heureuse.

On n'aimait que les teints de rose, pourvu toutefois que ces teints, ces lèvres, ces narines fussent mélangés d'un peu de lis.

Les poètes ne connaissaient qu'un seul objet de comparaison, la rose. La tige, le bouton, les épines, on tirait parti de tout.

Mme de Sainte-Rosanne portait habituellement la tête haute ; un tendre incarnat (vieux style) animait ses joues ; sa bouche était de carmin ; elle marchait avec la majesté d'une femme qui a chaussé le cothurne ailleurs que sur les planches. Aussi lui disait-on sur tous les modes, dans tous les styles, en vers et en prose, qu'elle ressemblait à une rose.

Elle recevait tous ces hommages avec la majestueuse froideur d'une reine. Sa vanité était plus touchée que son cœur. Mme de Sainte-Rosanne jouissait d'une grande réputation d'orgueil et d'insensibilité. Un poète, poussé à bout par ses dédains, décocha contre elle une épigramme sanglante qui finissait ainsi :

> Elle est belle, mais sans odeur,
> Comme la rose du Bengale.

La malignité publique s'empara avidement de cette allusion ; les rivales de Mme de Sainte-Rosanne apprirent l'épigramme par cœur et la colportèrent dans les salons.

L'influence de Mme de Sainte Rosanne, au lieu de diminuer, ne fit que s'augmenter encore pendant toute la durée de l'Empire. Napoléon lui tenait bien rancune de l'accueil indifférent qu'elle lui avait fait sous la République, mais cette rancune n'allait pas jusqu'à la disgrâce de celle qui en était l'objet.

Mme de Sainte-Rosanne, par un habile calcul politique, rompit avec la Restauration dès l'année 1822. Elle se montra beaucoup dans les salons libéraux, et invita plusieurs fois ostensiblement Béranger à dîner. Les rédacteurs du *Constitutionnel* étaient tous ses amis, et elle fut une des premières abonnées de ce journal.

Mme de Saint-Rosanne a consigné, dans une note que nous reproduisons, l'impression que firent sur elle les premiers symptômes de la réaction romantique.

« J'ai lu ce matin un livre de poésies d'un de ces auteurs qui veulent changer la face de la littérature et prendre d'assaut le Parnasse. La première pièce renferme le portrait d'une jeune fille, la Laure ou la Béatrix du poète. Son teint, dit-il, est pâle comme l'eau du lac à l'aube matinale, son œil est bleu comme la lavande, ses cheveux blonds coulent de chaque côté de ses tempes comme deux ruisseaux d'huile odorante ; sur son front, terne et mat, la fatalité a écrit ce mot de l'ange d'Albert Durer : *Melancolia.* Vraiment, j'étouffe de rire, Quel style, bon Dieu ! quelles métaphores ! Et ce sont ces pygmées qui veulent détrôner des géants ! A quoi bon aller chercher si loin des termes de comparaison pour peindre une femme, quand on a la rose sous la main ? Ah! messieurs les romantiques, vous n'irez pas loin, je vous le prédis. »

Une autre note, que nous trouvons écrite deux ou trois années après, prouve que Mme de Sainte-Rosanne se vit dans la nécessité de changer d'avis. Voici cette note :

« Décidément, les Welches l'emportent, le mauvais goût déborde. Un poète a osé écrire, en parlant de celle qu'il aime :

Elle est jaune comme une orange.

« Le port de reine, l'éclat des couleurs, la santé et la fraîcheur ne sont plus de mode. Il faut être pulmonaire, phthisique au troisième degré, pour attirer les regards de messieurs de la jeune littérature. Les teints de rose et de lis ne sont plus portés, dit-on, que par les cuisinières. MM. Jay et Jouy viendront me voir ce soir; que de jolis mots nous allons faire contre ces pauvres romantiques ! »

Le ton dégagé de ces réflexions dissimule mal le secret dépit dont Mme de Sainte-Rosanne est atteinte. Le fait est qu'il est dur pour une coquette de se voir délaissée par tout le monde, excepté par trois ou quatre académiciens qui lui répètent tous les soirs, depuis un quart de siècle, en lui baisant la main : Vous êtes fraîche comme la rose.

Mme de Sainte-Rosanne ne se l'avoue peut-
être pas, mais elle donnerait beaucoup pour
être pâle, excessivement pâle; c'est dire qu'à
cette époque de sa vie elle prit du vinaigre pour
se faire maigrir. C'est le poète qui lança contre
elle une épigramme sous le Directoire qui a
répandu ce bruit. La source en est trop suspec-
te, pour que nous l'accueillions sans examen
dans ce précis historique.

La situation littéraire alla s'aggravant d'année
en année; la Rose fut décidément rayée du vo-
cabulaire littéraire. Il n'y eut plus de fleur
générique pour désigner la beauté; chaque
poète, chaque romancier eut la sienne. L'un
prit la Scabieuse, l'autre l'Ancolie; celui-ci la
Clématite, celui-là le Rhododendron, etc.

Une ligne, datée de 1839, témoigne dans sa
concision de l'irritation qui consume Mme de
Sainte-Rosanne :

Aujourd'hui on n'aime qu'une seule chose, c'est l'ongle rose.

Personne n'ignore que, vers 1839, une mo-
dification assez notable eut lieu dans les
préférences littéraires. La femme pâle, étiolée
et verte commença à perdre de ses partisans.
Mme de Sainte-Rosanne crut un moment qu'on
allait revenir à la femme mousseuse de l'Empire. Son erreur ne fut pas de longue durée.
On inventa la femme vive, espiègle, fugace,
insaisissable, mordorée prismatique, spirituelle,

ennuyeuse, adorable; la femme à reflet, la femme-serpent.

Mme de Sainte-Rozanne sentit que son règne était fini sur la terre, et elle envoya sa soumission à la Fée aux Fleurs.

Au moins, dit-elle, je retrouverai là-bas les madrigaux de mon vieil adorateur le Zéphyre.

Mais si la Fée aux Fleurs a des trésors d'indulgence pour le repentir, elle est armée d'une rigueur inflexible contre l'amour-propre blessé.

Pour la punir de sa vanité, la Fée aux Fleurs a condamné la Rose à vivre et à mourir vieille femme. Elle ne lui pardonnera que lorsque sonnera l'heure de sa mort naturelle.

Fritillaire (Couronne impériale).

BELLE DE NUIT

—

LES FLEURS DE NUIT

Je vous aime, fleurs de nuit; je vous préfère à toutes vos sœurs qui brillent pendant le jour.

Quand le soleil vient de disparaître à l'horizon, lorsque les ombres descendent le long des rameaux, semblables à de longs cils qui s'abaissent, alors la fleur de nuit s'entr'ouvre, et les premiers rayons de l'étoile du soir viennent se jouer sur sa corolle.

Les fleurs et les étoiles sont sœurs : **que se disent-elles?**

Elles se racontent les longs ennuis de la journée; elles échangent leurs rayons et leurs parfums, elles mêlent leur âme à la grande âme de la nature.

Un sylphe évaporé vient les troubler dans leurs entretiens, mais la fleur de nuit ne l'écoute pas; la fleur de nuit n'est pas coquette.

Elle n'aime que ceux qui souffrent.

Comme le bruit du vent, comme le murmure de l'eau, le parfum de la fleur de nuit console.

Elle écoute la plainte du berger; elle sourit aux rêveries de la jeune fille, elle prête l'oreille aux chants du poète.

Sa molle senteur prête un charme secret à votre premier rendez-vous, elle vous enveloppe comme d'un voile d'innocence et de pureté.

Aucun insecte ne se pose sur les fleurs de nuit : la phalène bourdonne autour d'elles ; elle effleure leur calice, mais elle craindrait de s'y arrêter.

Parfois seulement, une fée se blottit au fond de leurs corolles, pour éviter les poursuites de quelque lutin.

Chaque soir, la blanche Titinia, pour parcourir son domaine nocturne, sort de son palais, qui est une belle de nuit.

Pendant que les bois frissonnent, que l'onde murmure, que les amoureux se parlent, que les poètes chantent, que des bruits vagues, des soupirs étouffés remplissent la plaine, la fleur de nuit s'ouvre plus largement.

Frissons, soupirs, murmures, échos, chants de poètes, haleines amoureuses, tout cela se mêle dans les airs et retombe avec la rosée sur la nature.

Avec sa part de cette pluie, il se forme, au fond de la fleur des nuits, une perle humide et brillante ; elle s'agite, elle tremble, le moindre souffle d'air la briserait, et le zéphyre matinal va se lever.

Alors la fleur des nuits se referme, pour conserver la perle précieuse qui s'est formée pendant la nuit.

Ainsi le poète renferme précieusement dans son cœur le trésor des rêveries qu'il a amassé dans la solitude.

Voilà pourquoi j'aime les fleurs de nuit, pourquoi je les préfère à leurs sœurs qui brillent pendant le jour.

Muflier.

B.

NARCISSE

NARCISSA

Voici l'histoire que racontent les pêcheurs, le soir, lorsqu'ils raccommodent leurs filets, assis en rond sur la grève.

Narcissa la blonde était la plus belle des jeunes filles du pays ; pas une seule sur toute la côte, depuis Catane jusqu'à Syracuse, qui pût se vanter d'avoir l'œil aussi doux, la taille aussi souple, le pied aussi fin.

Méfiez-vous de Narcissa la blonde !

Il y en a qui sont belles et qui ne le savent pas ; ce sont celles-là qu'il faut aimer.

Il y en a qui sont belles et qui le savent ; ce sont celles-là qu'il faut fuir.

Narcissa la blonde savait qu'elle était belle, et Luigi l'aimait.

Ceux qui ont connu Luigi, fils du vieux Luigi Naldi le soldat, disent que c'était un brave compagnon, hardi à la mer, bon à ses camarades, craignant Dieu et honorant les saints ; mais il aimait Narcissa la blonde.

Partout il la suivait, toujours il pensait à

elle. Qui n'a pas vu Luigi pleurer en pressant sur son cœur une fleur tombée du sein de Narcissa, ne sait pas ce que l'amour peut faire d'un homme.

Oui, Luigi pleurait comme un enfant.

Lui, l'intrépide matelot dont la voix dominait la tempête, tremblait devant un mot de Narcissa.

Il avait une maison bâtie en pierre, une barque solide, des filets neufs; il offrit tout à Narcissa, qui ne possédait rien qu'un rouet et un miroir.

Un rouet toujours immobile, un miroir dans lequel elle se regardait sans cesse.

Il faut vous dire que Narcissa ne rêvait que plaisirs, robes éclatantes; pourtant elle ne dit pas non à Luigi.

L'amour du beau Luigi, de Luigi le brave, flattait l'amour-propre de Narcissa, mais elle ne l'aimait pas.

Ce qu'elle aimait, c'était son jeune et beau visage, sa taille flexible, sa bouche souriante, ses yeux doux; c'était elle et non pas les autres.

Quand elle allait à la ville, elle disait à Luigi à son retour : J'ai vu les filles des bourgeois; elles sont moins belles que moi, et pourtant elles ont des casaques en velours et de beaux rubans à leur tête, et une croix d'or à leur cou.

Alors Luigi lui achetait une casaque en velours, de beaux rubans, une croix d'or pour pendre à son cou.

— Es-tu heureuse, lui disait-il, maintenant
que tu es belle ?

Elle lui répondait : — Je suis heureuse parce
que je suis belle.

— Quand m'épouseras-tu ?

— Laisse passer la saison des vendanges : je
veux danser encore une fois en liberté avec mes
compagnes.

La saison des vendanges est, comme vous le
savez bien, le temps des fêtes et des jeux, le
temps des doux propos : la gaieté semble couler avec la liqueur nouvelle.

Puis venaient d'autres prétextes : l'hiver, la
pêche du thon ; l'été, la moisson ; bref, l'époque
du mariage se trouvait sans cesse reculée.

Cependant Luigi, pour payer les robes, les
rubans, les bijoux de Narcissa, avait vendu la
maison de son père, sa barque, ses filets. Il ne
lui restait rien.

Si au moins l'amour de Narcissa l'avait dé-
dommagé ! Mais elle passait son temps, devant
son miroir, à peigner sa longue chevelure et à
sourire à sa beauté. C'est à peine si son amant
pouvait obtenir un mot ou un regard.

Luigi voyait bien que Narcissa la blonde ne
l'aimait pas, mais il était ensorcelé.

Il y a des femmes douées d'un charme fatal.

Leurs yeux, au lieu de cicatriser les blessures
qu'ils font, semblent les envenimer davantage.
Le démon vous pousse à les aimer : c'est lui

qui vous attire ! Quel autre que le démon pourrait habiter le cœur de Narcissa ?

Luigi lui dit encore une fois : — Quand m'épouseras-tu ?

— Je n'épouserai, répondit-elle, que celui qui me donnera de beaux pendants d'oreilles, des chemises en fine toile, des boucles en diamants pour mes souliers et de belles bagues pour mettre à mes doigts.

Luigi prit sa carabine, la carabine qui avait servi à son père, le vieux soldat, et partit pour la montagne.

Narcissa la blonde eut de beaux pendants d'oreilles, des chemises en fine toile, des boucles en diamants, de belles bagues et bien d'autres choses encore.

Toujours belle, toujours parée, toujours heureuse, elle courait les bals et les fêtes, sans songer au pauvre malheureux qui hasardait sa vie et le salut de son âme pour satisfaire les vains désirs de son cœur.

Cependant les exploits du brigand Luigi ont retenti jusqu'à Palerme : le vice-roi envoie des soldats pour s'emparer de lui. Narcissa, la belle Narcissa, se met à la fenêtre pour les voir passer ; elle sourit au jeune brigadier qui la salue avec son sabre.

Le brigadier va combattre son amant.

Hourra ! hourra ! Les soldats reviennent vainqueurs, Luigi est tombé percé de trois balles dans la montagne.

Qui court la première au-devant des cavaliers ?
C'est Narcissa la blonde, plus belle et mieux
parée que jamais.

Le brigadier a vaillamment conduit sa troupe ;
aussi, en attendant qu'il soit fait officier, revient-
il chargé d'un riche butin.

Narcissa le regarde de ses yeux les plus doux,
de ses yeux que le démon a armés d'une puissance invincible.

Mais le loyal soldat ne se sent pas troublé.

— Qui es-tu, la belle ? lui demanda-t-il, et que
veux-tu ?

— Je suis Narcissa la blonde, et je veux t'é-
pouser.

— Arrière ! femme sans cœur ; le dernier mot
que le bandit a prononcé est le nom de Narcissa
la blonde, et c'est moi qui ai tué Luigi.

Depuis ce temps-là, ni jeunes gens, ni
vieillards, ni femmes, ni filles, ne voulurent
parler à Narcissa.

Elle fut obligée de quitter le village et d'aller
se cacher dans la grotte du monte Negro, à côté
de laquelle coule une source profonde qu'un
saint ermite fit autrefois jaillir du roc par la
puissance de ses prières.

Au lieu de pleurer ses erreurs et de faire pénitence, elle passait les longues heures de la
journée à regarder son image que lui renvoyait
le miroir de l'onde.

Un jour, un moine, renommé par sa piété et
ses bonnes œuvres, gravit la pente du monte

Negro pour exorciser Narcissa : pour agir ainsi qu'elle le faisait, ne fallait-il pas qu'elle fût possédée?

Le saint homme trouva la grotte vide.

Un enfant, qui gardait les chèvres près de là, raconta que la veille il avait vu Narcissa, après être longtemps restée sur le bord, se lever et se précipiter dans le gouffre.

Le moine descendit et célébra une messe pour le repos de l'âme de Narcissa.

On laissa dire qu'elle s'était noyée pour se soustraire à ses remords ; mais chacun sait que l'ondine avait pris son visage pour l'attirer dans l'abîme et la livrer à Satan.

Ainsi périssent toutes les femmes sans cœur.

Voilà l'histoire que racontent les pêcheurs, le soir, lorsqu'ils raccommodent leurs filets, assis en rond sur la grève [1].

1. Nous donnons cette légende pour ce qu'elle vaut, et sans avoir la prétention de refaire l'histoire de Narcisse. Les Grecs avaient représenté l'égoïsme sous les traits d'un homme, les pêcheurs siciliens en ont fait une femme. Le lecteur choisira entre les deux versions celle qui convient le mieux à ses sympathies.

Le besoin de vérité qui doit dominer chez un écrivain, traitant de matières aussi graves que celles contenues dans cet ouvrage, nous fait un devoir de déclarer que les pêcheurs, dont nous avons emprunté le récit, se sont trompés en ce qui touche les motifs de la disparition subite de Narcissa.

La fleur appelée Narcisse s'était incarnée dans la jeune Sicilienne. Frappée des inconvénients qui pouvaient résulter pour les hommes du séjour parmi eux d'une femme d'un caractère si dangereux, la Fée aux Fleurs avait rappelé de force le Narcisse auprès d'elle.

(*Note de l'auteur.*)

AUBADE

—

LA PREMIÈRE FLEUR

———

Le matin est venu : levez-vous, jeunes filles, allez cueillir la fleur de mai, la première fleur.

Cachez-la dans votre sein, et conservez-la précieusement : elle porte bonheur pour le reste de l'année.

Celle que je cueillerai, Madeleine, je te la donnerai, et tu la mettras dans tes cheveux.

La première fleur, ce n'est ni la primevère, ni la pervenche, ni l'hyacinthe, ni la violette, ni le muguet.

Ce n'est pas celle qui fleurit la première, selon l'ordre des saisons ; c'est celle qui s'offre la première à votre vue, celle que vous présente le hasard.

L'année passée, ce fut la violette qui m'annonça le retour du printemps ; cette année, c'est la rose. Qui me dira quelle fleur me signalera le printemps prochain ?

Qu'importe !

Qui que tu sois, première fleur, tout le monde t'aime et t'accueille avec joie. Qui a jamais pu te regarder sans sentir ses yeux humides de larmes ?

Il semble, en te voyant, que la jeunesse de notre cœur va recommencer avec la jeunesse de l'année, que notre âme va s'épanouir comme la corolle des fleurs, que nos sentiments vont reverdir comme leurs feuilles !

Première fleur que l'on trouve sur la route un jour de mai, tu es l'espérance, tu es l'illusion, tu nous fais croire à la possibilité de revenir sur le passé.

Quand on rencontre, à certains jours, à certaines heures, l'objet d'un culte ancien, le cœur retourne en arrière, franchit en un moment d'immenses intervalles, et s'imagine avoir renoué la chaîne des temps. On croit recommencer une nouvelle carrière ; mais bientôt le cœur, épuisé de fatigue, revient à son point de départ et reste immobile.

Ainsi, la vue de la première fleur ressuscite en nous un monde de pensées ensevelies. Elles s'éveillent, elles secouent leurs blanches ailes, elles s'envolent joyeuses : on dirait qu'elles vont nous entraîner loin, bien loin, vers le pays de notre jeunesse.

Hélas ! la première fleur du printemps s'est

à peine flétrie, que déjà nos illusions ralentissent leur vol : elles retombent sur la terre ; leurs ailes fragiles se sont brisées.

Sois bénie cependant, première fleur, sois bénie pour cette heure d'enivrement fugitif que tu nous donnes. Croire une minute qu'on a vingt ans, qu'on aime, qu'on est heureux, n'est-ce pas vivre des années ?

Le matin est venu : levez-vous, jeunes filles ; allez cueillir la fleur de mai, la première fleur.

Cachez-la dans votre sein, et conservez-la pieusement : elle porte bonheur pour le reste de l'année.

Voici celle que j'ai cueillie, Madeleine ; respire son parfum, et mets-la dans tes cheveux.

Safran.

GRAVE CONFLIT

A PROPOS DE LA VIOLETTE

ENTRE LA FÉE AUX FLEURS

ET

UNE ACADÉMIE QUI DÉSIRE GARDER L'ANONYME

1

UNE LECTURE DANS LES BOIS

LA Fée aux Fleurs avait établi son domicile sur la terre, autant pour fuir un lieu qui lui rappelait des souvenirs désagréables, que pour être plus à portée de surveiller de près les actions de mesdames les Fleurs.

Chaque jour lui apportait un nouveau chagrin, un nouveau sujet de mécontentement.

La Rose était son enfant de prédilection, sa fille chérie. La vie qu'elle lui avait vu mener remplissait l'âme de la Fée d'une amère douleur !

Elle n'avait pas, non plus, à se féliciter du sort du Lis, de la Tulipe, du Bluet, du Coquelicot, de la Pensée, et d'une foule d'autres fleurs dont on trouvera les aventures dans le courant de cet ouvrage.

Si sa vengeance paraissait certaine, son cœur de mère était déchiré.

Parmi les fleurs, les unes étaient malheureuses parce qu'elles restaient fidèles à leur caractère ; les autres, au contraire, parce qu'elles voulaient en changer.

C'est ainsi que la Violette courait à sa perte. Le jour même, la Fée l'avait rencontrée dans un somptueux équipage, étincelante d'or, de soie et de pierreries.

La Violette avait renoncé à l'obscurité.

Pour secouer la tristesse que cette vue lui avait causée, la Fée aux Fleurs sortit de la ville et prit le chemin de la campagne, vêtue à la façon d'une femme de conseiller, et menant après elle un petit domestique joufflu qui portait son parasol et son coqueluchon.

A l'entrée d'un petit bois, elle congédia son domestique, et pénétra sous les arbres, pour y goûter en paix la fraîcheur et le plaisir d'une lecture solitaire.

Le livre qu'elle tenait à la main était une histoire complète des fleurs.

Cette lecture plaisait beaucoup à la Fée, qui y trouvait ample matière à moquerie touchant les bourdes que les hommes débitaient gravement, à propos des fleurs et de leur origine.

Elle en était, pour le moment, à l'histoire de la Violette.

La Violette, disait l'auteur du livre en question, est fille d'Atlas. Cette jeune nymphe, poursuivie par Apollon, allait devenir la proie de ce don Juan, lorsque les dieux, touchés de son sort, la métamorphosèrent en violette.

C'est le moyen ordinaire employé par les dieux pour déjouer les projets galants d'Apollon. L'imagination féconde de Jupiter devrait bien, de temps en temps, inventer un nouveau procédé.

La Fée laissa tomber le livre et s'assit sur le gazon pour rire plus à son aise. Le fait est que, debout, elle était obligée de se tenir les côtes.

Ces auteurs, dit-elle, sont vraiment des gens cocasses. Où diable ont-ils pris que la Violette est fille d'Atlas et nymphe de son métier ! tandis que son père s'appelait tout simplement Jérôme, et qu'elle exerçait la profession de couturière au bourg, sous le nom de Marcelle.

Je ne puis décemment pas laisser s'accréditer plus longtemps de semblables erreurs, continua la Fée ; il est temps de rétablir les faits, et elle rentra dans sa maison pour travailler au mémoire suivant, qu'elle adressa à l'Académie.

II

MÉMOIRE TOUCHANT L'ORIGINE DE LA VIOLETTE

MESSIEURS LES ACADÉMICIENS,

S'il est une science qui mérite de fixer l'attention des hommes et des savants, c'est, à coup sûr, celle qui se rattache à l'origine des Fleurs.

Cette science est aujourd'hui obscurcie par les ténèbres de l'ignorance ; une foule de notions fausses sont répandues : si on ne s'empressait de prendre ses précautions, le mal serait bientôt sans remède.

Il est du devoir d'un corps aussi respectable, aussi illustre, aussi éclairé que celui auquel j'ai l'honneur de m'adresser, de populariser, de répandre, de sanctionner les grandes vérités historiques, politiques, philosophiques et autres. C'est donc avec confiance que je m'adresse à l'Académie, persuadée d'avance qu'elle accordera à mes rectifications toute l'attention dont elles sont dignes à tous les égards.

Qu'il me soit permis, avant d'entrer en matière, de soumettre à la docte assemblée quelques réflexions générales qui me paraissent indispensables pour. . . . .

III

INTERRUPTION

Nous croyons devoir prendre la liberté de supprimer ces réflexions générales ; comme la forme adoptée par la Fée pourrait produire à la longue une impression fort peu récréative sur le lecteur, nous remplaçons la partie du mémoire qui donne l'historique exact de la Violette par un récit simple et animé. Notre intention avait d'abord été d'employer à cet effet le langage des dieux, autrement dit la poésie, mais n'ayant pas notre dictionnaire des rimes sous la main, nous nous contenterons d'une honnête prose.

IV

MARCELLE

C'était jour de fête. Toutes les jeunes filles du bourg sortaient de leur demeure en beaux déshabillés.

Les unes allaient se promener dans la campagne, les autres accouraient aux sons du tambourin, donnant le gai signal de la danse.

7.

Toutes songeaient à rire, à folâtrer, à s'amuser et à paraître belles.

Une seule restait enfermée chez elle : c'était Marcelle, la jolie fille à Jérôme le jardinier.

— Viens avec nous, Marcelle, lui criaient ses compagnes en passant : l'air est embaumé de la douce senteur de l'arbre aux prunelles, le ciel est bleu ; viens avec nous à la danse de mai.

Marcelle secouait la tête doucement, et si quelque jeune garçon voulait lui jeter un bouquet, elle fermait ses volets et se mettait à travailler de plus belle.

Comme tout est propre et reluisant dans la chambre de Marcelle ! on dirait qu'elle a communiqué sa grâce virginale à tous les objets qui l'entourent. Voilà son lit avec sa courte-pointe à franges blanches, l'armoire de noyer, la chaise de paille, le rouet de sa mère, l'étroit miroir fixé contre le mur, le bénitier, et l'image de la Vierge qui veille sur elle quand elle s'endort.

Si Marcelle travaille un jour de fête, ce n'est pas par avarice, au moins, ni par coquetterie : son aiguille se meut pour le pauvre. Aussi, comme elle va et vient avec rapidité, comme elle est agile et vive ! Demain la vieille Jacqueline aura un casaquin bien ample, bien chaud, pour préserver ses membres usés et affaiblis des atteintes de la bise.

En faisant aller son aiguille, Marcelle chante sa chanson favorite.

Je voudrais être petite fleur.

Si j'étais petite fleur, je choisirais un endroit écarté dans la mousse,

Un endroit écarté au bord de l'eau.

Et cachée dans l'herbe, je passerais ma vie à regarder le ciel.

Cette chanson a encore bien d'autres couplets, mais c'étaient ceux-là que préférait Marcelle.

Vers le soir, elle descendit dans son jardin, un jardin plein de beaux arbres, de belles fleurs, d'eaux murmurantes et de hautes touffes d'herbe.

C'était le père Jérôme, le vieux jardinier du château, qui cultivait ce jardin, sa seule distraction et celle de sa fille ; aussi fallait-il voir comme les fleurs se mariaient harmonieusement aux arbustes, quelles gracieuses formes prenaient les rameaux, et comme le gazon se courbait mollement sous les pas !

La Fée aux Fleurs aimait beaucoup le père Jérôme ; elle venait souvent dans son jardin et elle le regardait travailler, bêcher la terre, tailler ses arbres, émonder ses fleurs ; prenant plaisir à essuyer de temps en temps, du bout de son aile, la sueur tombant du front du vieillard.

Ce jour-là, elle était venue visiter le jardin du père Jérôme. Lorsque sa fille descendit dans le jardin, la Fée avait l'œil fixé sur le calice d'une reine-marguerite.

Il lui prit fantaisie de regarder au fond du cœur de Marcelle : calice pour calice, le cœur de la jeune fille était aussi pur.

L'écho apportait cependant au milieu de la solitude le son du tambourin, les cris joyeux des jeunes filles, toutes les harmonies, tous les parfums, tous les désirs d'une belle fin de journée de printemps.

Marcelle s'était assise sur l'herbe, et elle ne songeait qu'au bonheur qu'éprouverait, le lendemain, la vieille Jacqueline.

En voyant tant d'innocence et de candeur, la Fée aux Fleurs se sentit attendrie.

Pauvre fille du peuple ! dit-elle ; pure comme la neige des glaciers, bonne comme la nature, ta seule institutrice ; belle comme l'innocence, parfumée de chasteté et de modestie, qui te préservera des tentatives des riches et des méchants ! qui te sauvera des pièges où sont tombées tant de tes compagnes !

Sans se douter du monologue dont elle était le sujet, Marcelle, les yeux fixés au ciel, murmurait son refrain habituel :

Je voudrais être petite fleur.
Si j'étais petite fleur, je choisirais un endroit écarté dans la mousse,
Un endroit écarté au bord de l'eau,
Et cachée dans l'herbe, je passerais ma vie à regarder le ciel.

La Fée aux Fleurs voulut exaucer cette prière : elle étendit sa baguette sur Marcelle.

VIOLETTE

Aussitôt elle disparut sous un voile de feuilles, et, à la place où elle était, apparut une fleur dont les feuilles étaient couvertes des perles de la rosée ; on eût dit des larmes dans un œil bleu.

C'était Marcelle qui disait adieu à son père.

La Violette, c'est la fille du peuple : c'est avec son dévouement, sa candeur, sa pureté, sa modestie, que la Fée aux Fleurs a composé le parfum de la Violette.

V

RÉPONSE DE L'ACADÉMIE AU MÉMOIRE SUSMENTIONNÉ

EXTRAIT DU REGISTRE DES DÉLIBÉRATIONS

Ce... du mois de... année... l'Académie de..., réunie dans le local ordinaire de s es séances, a écouté les conclusions du rappo rt de l'illustre poète Jacobus au sujet de l'o rigine de la Violette.

Ces conclusions portent :

1º Qu'on ne doit ajouter qu'une foi médiocre aux renseignements fournis à la science par des êtres dont l'existence est aussi peu prouvée que celles des fées ;

2º Qu'on ne peut donner sur toutes choses que des détails apocryphes, quand on est apocryphe soi-même ;

3º Que les témoignages des siècles s'accordent à démontrer que les fleurs ont toutes une origine essentiellement mythologique.

En conséquence,

L'Académie déclare que la Violette lui semble plus que jamais fille d'Atlas.

Elle affirme, en outre, sur son âme et sur sa conscience, devant Dieu et devant les hommes, que la fille d'Atlas était nymphe de naissance, et que les dieux, pour la soustraire aux poursuites d'Apollon, la changèrent en Violette.

VI

APARTÉ

Il est certain que le poète Jacobus commet une grossière erreur, et que la version de la Fée aux Fleurs est la seule bonne, la seule véritable.

Ceci n'est qu'un monument de plus de l'ineptie des corps savants en général, et des académies en particulier.

VII

LA VIOLETTE DEVENUE FEMME

Pour nous et pour les esprits avancés, il reste donc bien constaté que la Fée aux Fleurs a seule raison.

Les personnes qui ont suivi, avec l'attention que comporte une besogne aussi grave et aussi importante, le fil de ce récit, n'ont point oublié qu'il a été question au commencement de l'apparition de la Violette dans un somptueux équipage, dans tout l'éclat de la toilette et du luxe.

Qu'a-t-elle fait de sa modestie première? Comment la fille du peuple est-elle devenue grande dame?

O Marcelle! devais-tu nous tromper ainsi en reparaissant sur la terre sous ton ancienne forme!

De tous les changements dont la Fée aux Fleurs a été le témoin, c'est le tien qui lui a été le plus sensible.

Ne nous hâtons pas cependant de condamner Marcelle.

Il lui est arrivé la même chose qu'à tant d'autres de ses compagnes qui manquent d'expérience.

On est jeune, on est belle, on est femme, on entend deux voix qui chantent dans votre cœur.

L'une vous dit : Reste dans le pré à côté de la touffe d'herbe, sur le bord du ruisseau où le ciel te fit naître : le bonheur est dans l'obscurité.

L'autre murmure à votre oreille : La beauté et la jeunesse sont deux présents du ciel; malheur à l'avare qui les enfouit! Le ruisseau ne retient aucune image, la touffe d'herbe ne garde aucun parfum, le bonheur est parmi les hommes.

Longtemps l'âme flotte indécise, elle écoute les deux concerts : bientôt l'une des deux voix s'efface, l'autre continue à se faire entendre : c'est celle qui vante le bruit, l'éclat, les plaisirs du monde; il faut bien finir par l'écouter.

Alors on se lance dans le tourbillon des fêtes, des spectacles; on est d'autant plus adulée, plus recherchée, que le fond du caractère forme un piquant contraste avec la vie que l'on mène.

Un moment on peut se croire heureuse.

Mais bientôt survient le désenchantement, et avec lui le dégoût, la fatigue, le dédain.

Au milieu de toutes les joies extérieures, on éprouve le regret de l'ancienne existence, et le remords de celle qui est devenue votre partage.

Ne vous est-il jamais arrivé de voir, dans l'entraînement du bal, s'étendre subitement sur un front jeune et brillant un voile de tristesse, et de beaux yeux se détourner dans l'ombre pour pleurer?

Voulez-vous savoir ce qui cause cette tristesse, ce qui fait couler ces larmes?

C'est le regret de l'innocence perdue, c'est le souvenir de la douce obscurité d'autrefois.

VIII

UNE LARME DE FÉE

Les lumières qui éclairaient le château qu'habite Marcelle se sont éteintes depuis longtemps;

les étoiles vont bientôt pâlir, le rossignol du bord de l'eau se hâte d'achever sa mélodieuse cavatine : c'est l'heure où la Fée aux Fleurs s'apprête à fermer les yeux des Belles-de-Nuit.

Elle s'avance d'un pied léger, pour ne pas troubler le sommeil qui commence à les gagner. Tout à coup elle s'arrête.

Un bruit inaccoutumé se fait entendre : des plaintes, des sanglots, puis l'écho affaibli d'une chanson mélancolique.

La Fée prête l'oreille : elle se dirige vers l'endroit d'où part le bruit. Est-ce le vent qui gémit dans un massif de trembles, ou la source qui pleure en quittant les flancs protecteurs du rocher ?

Aucun vent ne ride la cime des arbres, la mousse empêche d'entendre le bruit de la source.

C'est une femme qui pleure, la Fée l'a reconnue.

C'est Marcelle qui a quitté son lit de soie et de duvet pour descendre dans la plaine.

Le sommeil a fui ses paupières, ou ne lui fait voir que des songes pleins de tristesse; elle souffre, ses yeux sont inondés de larmes.

Elle songe au temps où elle était Violette, où elle se réveillait toute frissonnante sous les frais baisers de la rosée.

Elle chante comme autrefois :

Je voudrais être petite fleur...

Il y a des voix qui touchent, des accents qui ne mentent pas.

En écoutant Marcelle, la Fée, qui volait au-dessus de sa tête, se sentit attendrie ; en la voyant si belle et si malheureuse, elle pleura.

Une de ses larmes tomba sur le front brûlant de Marcelle.

Aussitôt sa métamorphose s'opéra.

La Fée avait exaucé une seconde fois la prière contenue dans sa chanson.

Le lendemain, on fit chercher Marcelle de tous les côtés ; personne ne put donner de ses nouvelles.

Seulement, à la place où elle avait coutume de s'asseoir, chaque nuit, on trouva une magnifique violette cachée sous le gazon.

Sa beauté ne sautait point aux yeux, mais elle se trahissait par son parfum.

Pour rendre à Marcelle sa forme première, il avait suffi d'une chose :

Le repentir.

CANZONE

—

LA FLEUR D'OUBLI

Il faut fuir la fleur d'oubli, il ne faut pas se laisser prendre à son parfum décevant.

Elle est belle et souriante, elle vous regarde avec des yeux doux ; elle semble vous appeler et vous dire : « Viens, je suis ton amie, je te consolerai, »

Connaissez-vous Ulric le chasseur ? Il a cueilli la fleur d'oubli.

D'abord, un calme profond a succédé à ses tourments ; il a pu regarder sans trouble celle qui le faisait tant souffrir.

Ulric s'est lassé de son indifférence, et il a voulu aimer encore ; mais il avait cueilli la fleur d'oubli.

On n'aime plus jamais quand on a oublié une fois.

Ulric erre dans les bois ; il se promène dans la plaine, il gravit la montagne, il demande à l'oiseau du bocage, à la fleur du sillon, à la source de la montagne, pourquoi lui seul ne peut plus aimer. L'oiseau, la fleur, la source lui répondent : « Tu as cueilli la fleur d'oubli. »

Le chasseur regrette le temps où il était malheureux : du moins, alors, il sentait battre son cœur.

— Ah ! s'écrie-t-il, il est donc des maux dont on ne guérit que pour souffrir davantage !

Il faut fuir la fleur d'oubli ; il ne faut pas se laisser prendre à son parfum décevant.

— Dis-moi, mon doux ami, dis-moi son nom, afin que je puisse la reconnaître.

— On lui a donné le nom de *lunaire*; mais les hommes ne savent pas son nom véritable, elle n'en a pas pour eux, elle s'appelle la fleur d'oubli.

— Où donc croît-elle ? Dans les blés jaunis par l'été, dans les fentes de la vieille tourelle, au milieu des grands prés, sous les tonnelles, ou bien tout là-bas, là-bas, au mystérieux pays des Génies ?

— Non pas, non pas, ô jeune belle ! Au fond du cœur se cache le germe qui contient la fleur éternelle, la fleur d'oubli.

NÉNUPHAR

SŒUR NÉNUPHAR

Le diable, un jour traversant la ville de Bruges, passa devant le couvent des Ursulines. Les religieuses, réunies dans la chapelle, chantaient les louanges du Seigneur.

Le diable a toujours été dilettante. — Parbleu! se dit-il, voilà les plus jolies voix que j'aie entendues de ma vie: entrons un moment et écoutons la fin du concert. Et il entra.

Tout en écoutant la musique, le diable, qui est fort curieux, comme chacun sait, voulut savoir si les religieuses étaient aussi jolies femmes que bonnes musiciennes; il se mit à les regarder, et, en fin connaisseur qu'il est, ses yeux s'arrêtèrent sur une ursuline placée juste à l'entrée du chœur, près du maître-autel.

Jamais figure plus belle, plus innocente, plus calme, ne s'offrit aux regards d'un peintre ou d'un diable. Ses grands yeux doux, son air de profonde tranquillité, excitèrent l'amour-propre du diable. — Voilà, pensa-t-il, une charmante créature heureuse de réciter ses patenôtres, ne

voyant rien au delà des murs de son couvent,
l'exemple et le modèle de sa communauté. Il
serait plaisant de lui ouvrir enfin les yeux, et de
faire de la sainte un petit démon.

Aussitôt dit, aussitôt fait. Voilà le diable qui
se métamorphose en galant cavalier, et qui, en
frisant sa moustache, se met à regarder l'ursuline.

Il est difficile, pour ne pas dire impossible,
de sentir l'œil du diable se fixer sur le sien,
sans éprouver comme une espèce de com-
motion nerveuse. Personne n'échappe à cette
influence; la nonne la subit. Elle tourna ses yeux
du côté du beau cavalier, par une espèce de
mouvement machinal, puis elle les laissa retom-
ber languissamment sur son missel. Pendant
tout le reste de l'office, le diable en fut pour
ses frais.

Cependant il ne se tint pas pour battu.

A l'heure où les religieuses descendent au
jardin pour respirer l'air tiède et pur d'une belle
fin de journée printanière, le diable se glissa
sous les arbres; il chercha son ursuline et la
trouva assise sur un banc, à l'ombre d'un berceau de lilas odorant. Elle paraissait en proie à
une de ces rêveries vagues, filles dangereuses
des soirs embaumés.

— L'occasion est favorable, se dit le diable,
agissons.

Il tira de sa poche le cœur d'une jeune fille
morte d'amour, et, le faisant brûler en guise

de pastille du sérail, il en parfuma l'atmosphère.

Aussitôt évoqués par ce charme magique, les désirs vinrent voltiger autour de la religieuse ; la brise glissa dans ses cheveux comme une caresse, les grappes du lilas s'inclinèrent amoureusement sur sa tête ; les fleurs, l'onde, les oiseaux, tout prit une voix pour lui parler d'amour.

L'ursuline se leva et porta la main à son front. — Le charme opère, pensa le diable ; avant une heure elle est à moi. — La nonne était retombée comme affaissée sur le banc de gazon.

— Ouf! fit-elle après un moment de repos : il fait trop chaud ici, passons au réfectoire. — Dans toute la magie de Satan, elle n'avait éprouvé que la sensation de quelques degrés de plus de chaleur. Le diable était furieux.

Il ne voulut pas en avoir le démenti.

Le soir, il s'introduisit dans la cellule de la religieuse sous la couverture jaune d'un roman à la mode ; il se déguisa en in-octavo et s'étendit tout grand ouvert sur le prie-Dieu. Il avait choisi la page la plus échevelée de l'ouvrage, une scène d'amour pantelante, rutilante, ébouriffante. De tout temps ces grands morceaux de rhétorique ont troublé toutes les imaginations et fait l'affaire de messire Satanas.

La jeune fille prit le livre, lut la page marquée, ouvrit les bras d'un air nonchalant, bâilla et s'endormit sur sa couchette.

Pour le coup le diable était outré.

Il ne restait plus qu'à essayer des songes. Il les convoqua tous, il leur donna ses instructions, et il voulut lui-même les voir à l'œuvre. Il se pencha sur le lit de la jeune fille : les songes vinrent chacun à leur tour se poser sur son cœur : rien n'indiqua qu'elle en fût le moins du monde troublée. Son sommeil était paisible, son teint égal, son pouls régulier comme de coutume. Il paraît même que vers le milieu de la nuit elle se mit à ronfler.

— Évidemment, se dit le diable, voilà une nonne qui n'est pas faite comme les autres. J'aurais mis en révolution tout un couvent, rien qu'avec un seul des moyens que j'ai employés contre elle. Il faut qu'elle ait un charme secret qui la protège. On dirait qu'un air plus froid circule autour d'elle, qu'une mystérieuse influence détend les nerfs, alourdit l'esprit, fatigue le corps. C'est singulier, j'éprouve comme une espèce d'envie de dormir, poursuivit le diable en se frottant les yeux ; qu'est-ce que cela signifie ? Est-ce que je subirais l'influence du roman que j'ai été obligé de lire ?

En disant ces mots, le diable s'endormit.

Il ne se réveilla qu'à l'heure des matines, au moment où la religieuse quittait sa cellule pour se rendre à la chapelle. Le diable eut besoin de se secouer longtemps pour se réveiller ; il ne reprit ses esprits qu'à dix-sept kilomètres de Bruges.

Le diable, tout malin qu'il est, ne s'était point douté de l'adversaire qu'il attaquait.

Une fois sur la terre, ne pouvant aimer ni être aimée, incapable de s'associer aux peines et aux joies de l'humanité, morne et décolorée, la froide fleur du Nénuphar n'avait trouvé d'autre refuge qu'un couvent. La vie monotone et languissante des religieuses était celle qui lui convenait. On lui compta comme vertu l'absence de toutes les vertus. Sœur Nénuphar mourut en état de sainteté; les ursulines de Bruges poursuivent sa canonisation.

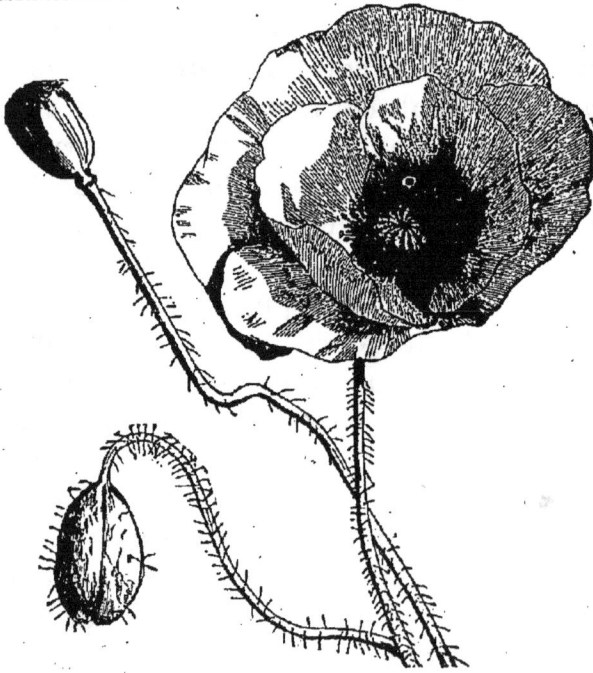

Coquelicot.

I. — 8

PRIÈRE

—

LES FLEURS DU BAL

Nous sommes les fleurs du bal, les pauvres victimes des fêtes joyeuses.

Nous arrivons timides et modestes, parées de nos charmes seulement, et il nous faut lutter contre ces fleurs de la terre qu'on appelle les diamants.

Filles du feu, l'opale, l'améthyste, la turquoise, la topaze, scintillent à l'éclat des lumières.

Nous autres, filles de l'air et de la rosée, nous n'ouvrons les yeux que pour regarder la lune et les étoiles. L'atmosphère du bal nous dessèche et nous brûle; en un quart d'heure nous nous flétrissons.

Jeune fille pourquoi nous mets-tu dans tes beaux cheveux ? Regarde sur ta toilette, n'y a-t-il pas des fleurs faites de la main des hommes ? des fleurs qui ne redoutent ni la chaleur, ni la poussière, ni les rayons des lustres, ni le frottement de la foule ?

Ne nous conduis pas au bal, jeune fille ; laisse tremper nos pieds flexibles dans ces vases de cristal, nous parfumerons ta demeure, et quand tu reviendras, pâle, fatiguée, rêveuse, tu nous verras souriantes, et nous mêlerons de doux songes à ton sommeil.

Ne nous conduis pas au bal, jeune fille.

Mais, hélas ! elle ne nous entend pas ; nous entourons ses cheveux d'une fraîche guirlande, nous nous épanouissons sur son sein. Allons, il faut partir ; nous sommes les fleurs du bal, les pauvres victimes des fêtes joyeuses.

Nos feuilles seront arrachées une à une et on les foulera aux pieds ; avant la fin du bal nous ne tiendrons plus à ces cheveux, cette ceinture nous laissera tomber. Demain, un grossier valet nous ramassera et nous jettera dans la rue.

Encore une fois, jeune fille, laisse-nous ici ; nous sommes si bien dans ta chambre virginale !

Tu pars... Prends garde, jeune fille ! Fleur vivante du monde, parure animée du bal, un jour peut-être le monde te foulera aux pieds comme nous, et te laissera dans la rue.

MYRTE

LE MYRTE & LE LAURIER

ILS vivaient tous les deux à la campagne, le marquis et le colonel. Vieux tous les deux, goutteux, et, ce qu'il y a de pire, quinteux tous les deux, ils se faisaient de mutuelles visites ; le soir, ils se réunissaient pour jouer au reversis et se rappeler ensemble leur vie passée.

Le jour, appuyés tous les deux sur leurs cannes à pomme d'or, ils faisaient une promenade dans la campagne, lorsque la goutte, le rhumatisme, le catarrhe et le temps le permettaient. Le marquis aimait se diriger du côté d'un certain château situé à quelques portées de fusil du sien. Il appartenait à la présidente de Z...

Le marquis prétendait que la présidente se mettait derrière sa jalousie pour le voir passer ; ce qui faisait beaucoup rire le colonel, attendu que le marquis avait près de soixante-dix ans, et que la belle présidente touchait à la soixantaine.

— Ces vieux troupiers, murmurait le marquis, ça n'a jamais rien compris à l'amour.

8.

— Ces vieux séducteurs, mâchonnait le colonel, ne veulent pas se persuader qu'il y a une fin à tout.

Et sur ce thème, ils brodaient une foule de railleries piquantes qu'ils se décochaient mutuellement. Ces petites escarmouches animaient la promenade, et donnaient du mordant à la partie de reversis.

Ce marquis, c'était le Myrte ; ce colonel, c'était le Laurier. L'un avait constamment vécu à la cour, l'autre n'avait presque pas quitté les camps. Ils s'étaient retrouvés après une longue absence, et quoiqu'on dise que le myrte et le laurier sont frères, le marquis et le colonel passaient leur temps à se quereller.

Ce soir là, les deux compagnons étaient encore de plus mauvaise humeur que de coutume. Le colonel venait de jeter la dame de cœur sur la table, et le marquis restait sans répondre à son attaque.

Il y a des distractions qui exaspèrent un joueur.

— Eh bien ! s'écria le colonel, jouerez-vous ?

— Pique ! répliqua le marquis.

— Vous renoncez au cœur ?

— Pardon, je n'avais pas vu mon jeu ; et il ramassa la carte qu'il venait de laisser tomber.

— Parbleu, marquis, à quoi songez-vous donc ? poursuivit le colonel en ricanant. Est-ce que les beaux yeux de la présidente vous feraient perdre la raison ?

LAURIER

Sans paraître faire attention au ton narquois du Laurier, le Myrte s'écria :

> Je l'aime du plus tendre amour,
> Elle m'évite, la cruelle :
> Qu'elle soit laissée à son tour,
> Et qu'un rival me venge d'elle !

—Bravo ! fit le colonel. Le marquis continua :

> Que ses pleurs coulent vainement,
> Qu'elle tombe aux pieds d'un amant,
> Et qu'il soit sourd à sa prière ;
> Qu'elle éprouve enfin le tourment
> D'aimer et de cesser de plaire !

Après qu'il eut achevé, le colonel regarda le marquis d'un air de compassion.

— Pauvre garçon ! fit-il, comme s'il se parlait à lui-même ; il se croit encore à l'ancienne cour, au temps où l'on vivait de madrigaux et de bouquet à Chloris, où l'on faisait des stances sur la mort du griffon de la petite baronne, et où l'on soupirait une élégie sur la perruque envolée de madame la surintendante. Jolie manière de faire l'amour !

En écoutant cette apostrophe, le marquis ne put se contenir.

— Il vous sied bien de parler d'amour, s'écria-t-il, à vous qui n'avez fait la cour qu'à des bourgeoises des petites villes où vous avez été en garnison ! Vous vous moquez des petits soins et des petits vers, parce que vous n'avez

jamais pu comprendre leur charme, reître, dra-
ban, bandour que vous êtes !

Le colonel s'échauffa.

— Une belle doit se prendre d'assaut comme
une citadelle.

— Il n'y a que les intentions délicates qui
séduisent la beauté.

— Un front couronné de lauriers n'a qu'à se
montrer pour subjuger les plus rebelles.

— C'est avec une ceinture de myrte qu'on
enlace les amours.

Si un troisième interlocuteur se fût trouvé là,
il aurait pu mettre d'accord les parties belligé-
rantes, en leur faisant voir que le Myrte et le
Laurier se marient admirablement, qu'ils ne
vont guère l'un sans l'autre, qu'il est aussi rare
de voir un brave insensible aux charmes de la
beauté, qu'un sectateur de Vénus ennemi de
Bellone, mais le colonel et le marquis se trouvaient seuls; de plus, le baromètre était depuis
huit jours au variable, les rhumatismes rendaient les deux adversaires encore plus intrai-
tables. Le colonel proposa un duel au marquis.

— Sortons ! répondit-il aussitôt.

Mais ni l'un ni l'autre ne purent bouger de
leurs fauteuils.

Pauvre Myrte ! Pauvre Laurier !

Ils sont là tous les deux à se disputer sur
leur prééminence, et pendant ce temps-là le
monde les oublie, le monde se moque de leur

système. Le monde n'en est plus depuis bien longtemps au Myrte et au Laurier.

La galanterie et la bravoure sont deux qualités passées de mode : le ridicule en a fait justice.

Pour qui se montrerait-on galant ? Pour des femmes qui fument, qui boivent du grog, qui montent à cheval, qui font de l'escrime et des romans.

A quoi sert la bravoure ? Il n'y a plus de guerres aujourd'hui ; on ne se bat plus en duel ; un héros n'est plus qu'un être souverainement ridicule.

Le règne du Myrte et du Laurier est passé.

Le marquis et le colonel ne s'en doutaient pas ; ils s'étaient retirés du monde assez à temps pour cela : ils devaient emporter leurs illusions dans la tombe.

Leur vie, du reste, avait été des plus heureuses.

Aussitôt arrivé sur la terre, le Myrte s'était incarné dans la personne d'un marquis.

On le vit à la cour, leste, pimpant, spirituel, galant, le premier des hommes dans l'art difficile de l'acrostiche et du bout-rimé.

Il apprit à broder au métier, à parfiler et à faire les découpures.

Il passait sa journée à écrire des billets doux et à rimer des épitres amoureuses.

Il eut des succès à n'en plus finir.

Le Laurier, comme de raison, choisit une carrière tout à fait opposée.

En passant sur le Pont-Neuf, il suivit un racoleur qui l'engagea au service du roi de France.

Il fit campagne avec le prince de Soubise, et prit Port-Mahon au son des violons du maréchal de Richelieu.

Il se retira avec le brevet de colonel.

Pendant toute la durée de sa carrière militaire, il mena l'amour tambour battant, mèche allumée, ce qui ne l'empêcha pas d'avoir autant de succès que son camarade le Myrte.

Aussi ne pouvait-il souffrir les airs de supériorité que ce dernier se donnait de temps en temps, et qui faisaient naître entre eux des sujets de querelles sans cesse renaissants.

La discussion que nous venons de raconter avait été beaucoup trop loin pour qu'il fût possible qu'elle en restât là. Une fois assis ou plutôt cloués sur leurs fauteuils, ils se regardèrent comme deux chiens de faïence, d'autres diraient comme deux lions. Enfin, le marquis toussa et reprit ensuite :

— Ah! c'était là le bon temps! il voulut continuer, mais un violent accès de toux lui coupa la parole.

Le colonel profita de ce moment de répit pour bourrer son nez de tabac, tout en faisant voir, par de nombreux signes de tête, qu'il approuvait l'exclamation finale de son interlocuteur.

— Mon cher ami, fit-il, après un moment de silence en s'adressant au marquis, savez-vous une chose ?

— Quoi donc ?

— C'est que nous ferions bien de songer dès à présent à la retraite. La guerre et la galanterie ont fait leur temps ; la jeunesse méprise les feux de Vénus aussi bien que les jeux de Mars ; on vous traite de papillon et moi d'invalide. Il faut savoir se retirer à propos. L'art des retraites est peut-être le plus difficile de tous. Notre passage sur la terre n'aura pas été sans charme, si nous savons nous préserver de l'ennui des derniers moments ; retournons chez notre excellente amie la Fée aux Fleurs.

— Mais vous n'y songez pas !

— Au contraire, je ne songe qu'à cela.

— Et la présidente ?

Le colonel ne peut s'empêcher de rire à gorge déployée.

— Palsambleu ! s'écria le marquis.

— Tout beau, ne vous fâchez pas, répondit le colonel en continuant à rire.

— Vous me rendrez raison ! s'écria le marquis en montrant son blason.

— Quand vous voudrez ! riposta fièrement le colonel à l'attaque de son compagnon.

— Insolent !

— Fat !

Nous avons oublié de vous dire que le blason du marquis consistait en une branche de myrte

tenue par un Amour et écartelée d'une écharpe
de soie. Les armoiries du colonel, car il avait
aussi ses armoiries, consistaient en un bouclier
ombragé de laurier, passé dans une main à gan-
telet de fer. Ils juraient assez volontiers, l'un
par son blason, l'autre par ses armoiries.

Le Myrte et le Laurier allaient se prendre aux
cheveux; mais, cette fois, ce fut un violent accès
de toux qui les retint cloués sur leurs sièges.
Un catarrhe épargna à l'humanité une nouvelle
et terrible tragédie.

Ce fut le Myrte qui recouvra le premier la
parole.

— Je vous trouve singulier, fit-il, d'avoir l'air
de mettre en doute mes succès, moi, la fleur des
marquis de mon temps!

— Il vous sied bien, risposta le Laurier, de me
menacer, moi, le foudre de guerre de mon
époque!

— Foudre éteint!

— Fleur fanée!

Plus irrités que jamais, ils firent une dernière
et suprême tentative pour se joindre. Cet effort
violent les emporta. Sans doute, un vaisseau se
brisa dans leur poitrine; ils expirèrent à la fois.
Le Myrte, à ses derniers moments, garda ses
prétentions d'homme à bonnes fortunes; le
Laurier mourut comme il avait vécu, le poing
sur la hanche.

CHEVRETTE

—

LA CHEVRIÈRE

I

LE PRINCE CHARMANT

LE prince Charmant se promenant un jour dans la campagne avec son précepteur, rencontra une jeune chevrière.

Elle avait les yeux noirs, les cheveux noirs, la démarche vive, la physionomie piquante, et par-dessus tout, un petit air agaçant et timide à la fois, qui lui donnait un certain point de ressemblance avec le joli animal dont elle portait le nom.

Elle s'appelait Chevrette et gardait les chèvres dans les environs.

— Olifour! dit le prince à son précepteur.

— Plaît-il, Altesse? répondit celui-ci.

— Tu vois bien cette jeune fille?

— Parfaitement.

— Comment la trouves-tu ?

— Je la trouve comme vous voudrez.

— Je la trouve adorable.

— Adorable.

— J'ai, de plus, formé un projet que je trouve excellent.

— Excellent.

— Je veux la prendre pour femme.

Olifour ne put s'empêcher de se récrier :

— Mais que penseront vos aïeux, que diront votre père et votre mère, et vos sujets, et la terre, et le ciel, et les dieux, et les hommes ? D'ailleurs, votre mère refusera son consentement.

— C'est ce que nous verrons.

— Vous n'êtes pas majeur.

— Qu'importe !

— Vous ne réussirez pas.

— Tu vas voir.

II

UNE MÈRE ÉPLORÉE

La reine s'arrachait les cheveux et versait un torrent de larmes.

Le prince Charmant venait de lui faire part de ses intentions au sujet de Chevrette.

Sa mère s'était roulée à ses pieds, l'avait supplié de renoncer à un dessein qui ne pouvait

manquer de causer sa mort. Le prince Charmant
avait résisté à toutes les instances.

— Quelle fermeté! pensait Olifour, qui assis-
tait à cette scène; c'est pourtant moi qui l'ai
élevé!

La reine alla jusqu'à menacer son fils de sa
malédiction. Alors le prince Charmant se roula
par terre à son tour, arrachant ses poils follets,
mit son cafetan en lambeaux, et déclara que
puisqu'on lui refusait celle qu'il aimait, il prenait
la résolution immuable de mourir de consomption avant six mois.

— Non, mon fils, non, tu ne mourras pas!
s'écria la reine éperdue; conserve-toi à notre
amour et à l'admiration de tes peuples. Allez,
Olifour, allez chercher Chevrette; je veux que
mon fils l'épouse à l'instant.

— Quel machiavélisme! pensa de nouveau
Olifour; comme sa ruse a réussi! Quel élève j'ai
fait là!

Il alla chercher Chevrette.

III

CHEVRETTE A LA COUR

Chevrette aurait autant aimé ne pas épouser
le prince Charmant et rester chevrière; mais ses
parents étaient pauvres, avides de trésors, il
fallut se résigner

Une fois à la cour, elle ne put s'empêcher de reconnaître que le prince Charmant était un sot, et son précepteur Olifour un imbécile.

Quant au roi et à la reine, c'étaient de bonnes gens qui n'y voyaient pas plus loin que le bout du nez de leur fils.

Chevrette s'ennuyait donc beaucoup. Elle aurait voulu sauter, courir, gambader dans la campagne. L'étiquette la rendait malheureuse. Elle commettait à chaque instant les erreurs de cérémonial les plus grossières. C'est ainsi qu'à la réception de l'ambassadeur de l'empereur Parapaphignolle, elle lui embrassa le côté gauche de la moustache au lieu du côté droit. L'empereur Parapaphignolle, exaspéré de cet outrage fait à son envoyé, ne parlait de rien moins que de mettre à feu et à sang les États du prince Charmant. On eut beaucoup de peine à lui faire entendre raison et à arranger la chose.

Ce n'est pas que Chevrette manquât de leçon : son mari lui faisait chaque jour un cours d'étiquette qui durait trois heures ; mais Chevrette, après cela, descendait au jardin, et oubliait les leçons du prince Charmant en jouant avec une petite chèvre qui la suivait au moindre signe, sur la simple présentation d'une tige de fleurs.

Voyant tant d'indocilité et une ignorance qui pouvait compromettre l'avenir de la monarchie, le conseil des ministres décida que Chevrette serait confiée à Olifour, qui se chargerait de compléter son éducation.

Le conseil des ministres déclara nettement à Olifour que si dans trois mois la princesse, interrogée dans un examen public, ne parvenait pas à résoudre toutes les difficultés du cérémonial et de l'étiquette, on lui trancherait la tête, à lui Olifour.

IV

CE QUI SAUVA OLIFOUR

Ce fut la fuite de Chevrette, qui disparut le soir même où on lui signifia la décision des ministres.

V

CE QUI LE PERDIT

Ce fut une joie imprudente qu'il montra en apprenant la fuite de la princesse.

Le prince Charmant en fut instruit par des envieux que, depuis longtemps, le savoir d'Olifour offusquait, et sur le rapport de ces gens, il lui fit trancher la tête.

VI

LA PROPOSITION D'UN BON PÈRE

Cependant le roi ne comprenait rien au désespoir de son fils. Pour remplacer Chevrette, il lui offrit de lui faire épouser toutes les chevrières de son royaume.

Le Prince Charmant refusa, et déclara qu'il ne lui restait plus qu'à mourir de consomption, ainsi qu'il en avait formé le projet, si l'on ne parvenait à découvrir la retraite de Chevrette.

Tous les efforts tentés dans ce but étaient superflus.

La reine alla consulter la fée qui avait présidé à la naissance de son fils, espérant bien qu'elle ne voudrait pas laisser mourir de consomption un prince qu'elle avait accablé des dons les plus précieux du corps et de l'esprit.

La fée écouta la reine et voulut la consoler. Elle lui fit part de ce qui s'était passé dans le royaume des Fleurs et lui apprit que Chevrette n'était autre chose que le Chèvrefeuille, qui s'était incarné dans le corps d'une jeune et jolie Chevrière.

— Vous concevez que la fleur du chèvrefeuille est trop sauvage, trop simple, trop capricieuse même, pour vivre à la cour. Laissez-la aux champs avec ses chèvres, et dites à votre fils que je lui ménage une jolie petite princesse dont il me dira des nouvelles.

La reine raconta à son fils la conversation qu'elle venait d'avoir avec la fée. La petite princesse le fit réfléchir, et il promit à sa mère de ne pas mourir de consomption.

— Voilà une singulière histoire néanmoins, pensa-t-il, et c'est grand dommage que j'aie

fait trancher la tête à Olifour : nous en aurions
bien ri tous les deux !

VII

FIN

En quittant la cour, Chevrette demanda ce
qu'elle allait faire.

— Parbleu ! se dit-elle, je garderai encore
les chèvres.

Mais où trouver un troupeau ? Elle se dirigea
du côté de la chaumière de ses parents.

La chaumière appartenait à de nouveaux pro-
priétaires.

Depuis le mariage de leur fille, le père et la
mère de Chevrette avaient trouvé indigne d'eux
le métier de paysans.

Ils s'étaient rendus à la ville voisine, où ils
habitaient un riche palais.

Voilà Chevrette bien embarrassée.

— Si je retourne à la ville, pensa-t-elle, le
prince Charmant me fera saisir par ses gardes,
et je serai obligée de retourner à la cour, où
l'ennui me tuera.

Si je reste cachée à la campagne, comment
ferai-je pour vivre ?

Elle était au milieu de ces perplexités lorsqu'un joyeux bêlement se fit entendre derrière
elle.

C'était sa chèvre, sa chèvre favorite qu'elle avait emmenée avec elle à la cour, et qui, la voyant partie, s'était échappée du palais pour la suivre.

Elle oublia un moment la fâcheuse situation dans laquelle elle se trouvait pour recevoir les caresses de sa chèvre. Le fidèle animal sautait, gambadait autour de sa maîtresse, et venait de temps en temps frotter son joli museau contre le sein de la chevrière.

— Tu m'aimes bien, lui disait-elle, ma pauvre chèvre, tu es heureuse de me revoir; hélas! je n'ai rien à te donner, pas même un brin de luzerne ni un petit toit pour te mettre le soir à l'abri du loup.

Comme elle prononçait ces paroles, elle entendit quelqu'un qui s'écriait : — Oh ciel!

Celui qui parlait ainsi était un jeune chevrier nommé Jasmin. Il errait dans les bois, triste et désolé, parce qu'il avait perdu Chevrette qu'il aimait.

Mais Chevrette ne le savait pas.

En le voyant elle se sentit rassurée; elle l'appela : — Jasmin! Jasmin!

Il s'approcha et elle lui raconta son malheur. Jasmin, à son tour, lui parla en pleurant de tout ce qu'il avait souffert pendant son absence.

Chevrette essuya ses larmes, et lui dit de se consoler ; si elle avait su son amour, jamais elle n'eût consenti à épouser le prince Charmant.

Le chevrier suivit le conseil de la chevrière.
Il essuya ses larmes et se consola. Chevrette
lui permit de la suivre au fond de la forêt; ils
vécurent heureux, chevrier et chevrière, Jasmin
et Chèvrefeuille, mais après s'être mariés.

Hellébore fétide.

9.

CAMÉLIA

LES

REGRETS DU CAMÉLIA

I

IMPÉRIA

IL n'était bruit dans Venise que des attraits de la comtesse Impéria.

Sa beauté fière et majestueuse frappait tout le monde d'admiration ; son teint d'un blanc velouté, nuancé d'une légère teinte rose, était un objet d'envie pour toutes les dames de Venise. L'élite de la noblesse l'entourait d'une cour brillante et nombreuse. Le glorieux époux de la mer, le doge lui-même, avait dit, le jour de son couronnement, que s'il avait été libre de son choix, ce n'est pas l'Adriatique qui aurait reçu son anneau de fiançailles.

Les gondoliers de Venise admiraient sa beauté, et le soir, sur la grève, lorsque l'impro-visateur, récitant les strophes de la *Jérusalem délivrée*, parlait au peuple d'Armide, de Clorinde et d'Herminie, il s'écriait, dans un transport d'enthousiasme, qu'elles étaient belles comme la comtesse Impéria.

Elle recevait tous les hommages indistinctement; tout seigneur était admis auprès d'elle, sans qu'elle eût l'air d'écouter celui-ci d'une oreille plus favorable que celui-là. Tant de vertu, unie à tant de beauté, faisait de la comtesse une exception, et la rendait célèbre dans toute l'Italie.

Ce devait être un grand triomphe que de dompter ce cœur rebelle; aussi l'émulation de la jeunesse vénitienne était-elle vivement excitée; l'époux de la belle Impéria aurait tant et de si redoutables rivaux à vaincre!

On commençait à croire, à Venise, que la comtesse renonçait définitivement au mariage, lorsqu'on apprit qu'elle avait fait un choix.

II

STENIO

C'était un des plus jeunes, un des plus nobles, un des plus riches, un des plus aimables cavaliers de Venise.

Son bonheur parut si mérité, qu'il fit taire la jalousie.

Pour connaître les sentiments dont Stenio était animé, il nous suffira de jeter les yeux sur la lettre suivante qu'il écrivit, la veille de son mariage, à son ami d'enfance Paolo :

« CHER AMI,

« Elle a consenti à me donner sa main. Comprends-tu ma joie, Paolo ?... Elle m'aime !

« Il y a des moments où je doute encore de mon bonheur. Je me dis quelquefois : Non, cela n'est pas possible ; cette noble et fière créature ne peut aimer un mortel. Et cependant pourquoi m'aurait-elle choisi? Quel motif l'aurait forcée à m'aliéner cette liberté à laquelle elle tenait tant, si ce n'est l'amour !

« Tu me connais, Paolo, tu sais que ma seule ambition a toujours été de posséder le cœur d'une femme, d'y régner sans contrainte, sans partage, d'échanger mon âme avec la sienne, de vivre des élans d'une mutuelle sympathie. Ce rêve sur la terre, je le réaliserai; Dieu n'a pas voulu que la beauté fût un don stérile : à celles qu'il a choisies pour faire naître les flammes de la passion, il a donné un cœur pour les comprendre.

« Remercie le Ciel, Paolo, il a exaucé les vœux de ton ami.

« STENIO. »

III

RÉPONSE DE PAOLO

« Prends garde à toi, tu es poète ! »

IV

APRÈS LE MARIAGE

Nous ne dirons rien des noces de Stenio et d'Impéria; Venise en a conservé le souvenir. Qu'il nous suffise d'apprendre qu'elles furent dignes des deux époux.

Stenio emmena sa femme à la campagne.

Il voulait passer ces premiers mois de la lune de miel, si charmants et si doux, sous les arbres, au chant des oiseaux, au murmure des brises, au parfum des fleurs, au milieu de la solitude.

— N'est-ce pas que nous sommes heureux! avait-il dit à sa femme.

Comme celle-ci avait répondu par un soupir, Stenio se sentit le plus heureux des hommes. Le soir même, il partit avec Impéria pour sa villa.

V

VILLÉGIATURE

Il se trouva, au bout de quinze jours, que la belle Impéria trouva la campagne monotone.

Après quelques tours de promemade sous les

grands marronniers, elle se trouvait tout de suite fatiguée.

Si Stenio lui proposait de s'asseoir sur un banc de gazon, elle prétendait que le gazon était humide, et qu'un bon fauteuil était préférable.

Le soir, lorsque la lune jetait ses reflets mélancoliques sur la terrasse du vieux château, elle répondait à Stenio, qui l'engageait à venir entendre avec lui les harmonies de la nuit, qu'elle était fort sujette aux rhumes.

Un jour, elle se plaignit des rossignols dont le chant l'empêchait de dormir.

Décidément, la campagne n'allait pas bien à Impéria. Son mari résolut de retourner à la ville.

VI

LA SCÈNE SE PASSE A VENISE

Après tout, se dit Stenio, on peut être aussi bien seul dans un palais que dans une chaumière. J'ai fait remettre à neuf l'antique demeure de mes pères. C'est un nid de soie, de velours et d'or dans lequel une colombe se trouvera bien. Nous vivrons l'un pour l'autre, loin du bruit, loin du monde, loin des fêtes ; elle découvrira à moi seul les trésors de son cœur.

Le jour de son arrivée, Impéria visita le palais, parcourut, les uns après les autres, tous les appartements, et parut contente du goût et de la magnificence qui avaient présidé à l'arrangement. Elle en témoigna en termes non équivoques sa satisfaction à son mari.

— Enfin, s'écria-t-il, au comble de la joie, elle me comprend! Stenio, ainsi que le lecteur a dû s'en apercevoir, était de ceux qui rêvent une existence de sylphe ou de génie, une vie dont tous les instants s'écoulent au milieu de la musique, de la poésie et de l'échange le plus éthéré des sentiments les plus beaux. Selon lui, sa femme devait avoir les mêmes idées.

Malheureusement il se trompait.

Lorsque, assis aux genoux de la belle Impéria, il voulait prendre la guitare pour lui chanter une mélodie d'amour, elle portait sa main à son front en s'écriant : — Affreuse migraine !

Lorsqu'il essayait de lui lire quelques pages d'un de ses poètes favoris, elle se jetait en bâillant sur son canapé, en maudissant la chaleur et en se plaignant du siroco.

Toutes les fois qu'il tentait de faire du sentiment avec elle, Impéria lui coupait la parole.

— N'est-ce pas, lui disait-il, ô mon unique amour ! qu'il est doux de...

Jamais il n'avait pu aller plus loin ; Impéria, dès le début de la phrase, se lamentait sur ses maux d'estomac, ou sur le danger qu'il y a à prendre des granits à la fraise après son dîner.

Stenio prenait son mal en patience et comptait sur des temps meilleurs : ses illusions lui restaient.

Un jour, Impéria l'aborda avec un doux sourire et en l'appelant : Cher seigneur !

Pour le coup, pensa Stenio, nous y voici; nous allons enfin échanger nos deux âmes.

— N'est-ce pas, ô mon unique amour ! se hâtat-il de répondre qu'il est doux de...

— De donner des fêtes, de recevoir ses amis, reprit Impéria, de vivre dans le monde. Est-ce que vous ne songez pas à réunir prochainement, dans un grand bal, toute la société de Venise? Il me semble que puisque nous voilà mariés, nous devons tenir notre rang.

Ce fut un coup de tonnerre pour Stenio. Quelques jours après, il écrivit à son ami.

VII

DEUXIÈME LETTRE A PAOLO

« Je suis le plus malheureux des hommes ! Impéria ne me comprend pas.

« Il fallait voir comme sa figure rayonnait lorsqu'elle s'est présentée à moi parée pour le bal. Elle n'aime que l'éclat, les triomphes du monde, le luxe et la toilette. C'est une femme sans cœur.

« En la voyant si belle, si heureuse, j'ai voulu me venger.

« Madame, lui ai-je dit, vous ressemblez à cette fleur qu'on nomme le Camélia, et qu'un jésuite nous a récemment apportée de Chine; elle est charmante à l'œil, mais elle ne dit rien à l'odorat. Vous êtes belle, madame; mais vous n'avez pas ce parfum de la beauté qui s'appelle l'amour.

« Après lui avoir lancé ces paroles foudroyantes, je l'ai regardée; elle souriait.

« Vous ne vous trompez pas, m'a-t-elle répondu ensuite, je suis le Camélia, et elle est entrée fièrement dans la salle du bal.

« Il me semble cependant qu'avant d'entrer, elle m'a regardé d'un air triste. Que signifie ce regard?

« Ah! mon ami, plains-moi, et laisse-moi te répéter que je suis le plus malheureux des hommes. »

VIII

DEUXIÈME LETTRE DE PAOLO

« Je te l'avais bien dit. »

IX

LE CAMÉLIA

Un jour, une gondole noire s'arrêta devant le palais de la belle Impéria. Des rameurs frappèrent à la porte et déposèrent un cadavre sur le seuil.

C'était celui de Stenio.

On l'avait trouvé étendu sur la grève du Lido, frappé d'un coup de poignard au cœur; auprès de lui, un billet écrit de sa main contenait ces simples mots : « Que Dieu fasse miséricorde à mon âme... Elle ne m'aimait pas! »

A la vue de ce cadavre, Impéria sentit des larmes baigner sa paupière; elle regarda longtemps les cheveux souillés, les yeux éteints, la poitrine ensanglantée de son jeune époux, et déposant un baiser sur son front pâle :

— Maudit soit le jour, dit-elle, où j'ai voulu vivre sur la terre! Si la fée m'avait dit : Tu auras un cœur insensible, une âme froide; tu assisteras, impassible, au spectacle des maux que tu feras naître, tu brilleras d'une beauté fatale qui ne reflétera aucun sentiment de tendresse, je n'aurais pas demandé à changer de sort. Fleur, on peut vivre sans parfum; femme, on ne saurait exister sans amour!

O Fée! ajouta-t-elle, rends-moi à ma première forme, fais que je redevienne Camélia : il y a bien assez de femmes sans cœur sur la terre!

La Fée aux Fleurs ne tarda pas à réaliser ce souhait. Redevenue fleur, Impéria se ressouvint de Stenio : on vit fleurir comme par enchantement un magnifique Camélia sur la tombe du jeune homme.

On parla longtemps du suicide de Stenio et de la disparition de sa veuve, qui eut lieu quelque temps après.

Personne ne comprit rien à cette mort, et lorsqu'on en parlait à Paolo, il répondait :

« Je le lui avais bien dit : c'était un poète ! »

Amaryllis.

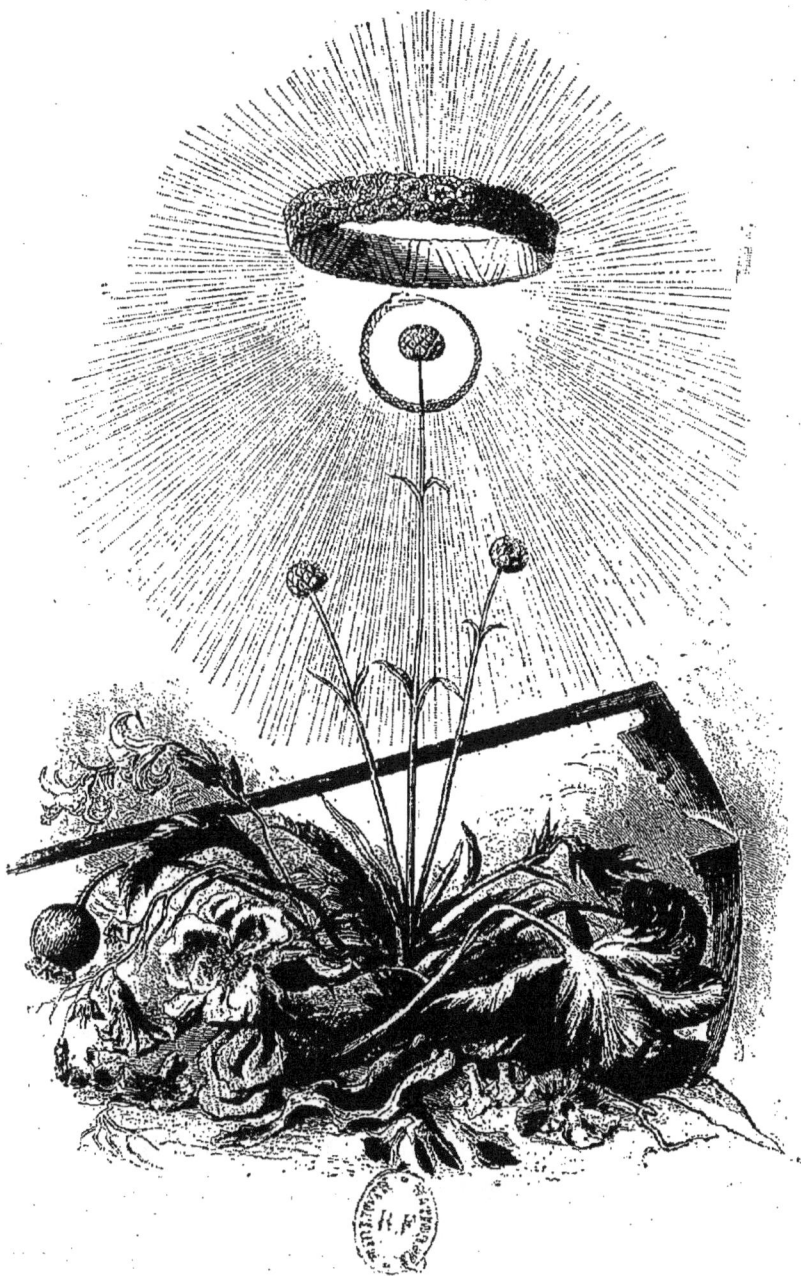

IMMORTELLE

—

L'IMMORTELLE

———

LA Lavande dit à l'Immortelle :

— Nous avons vécu ensemble, sur la même colline; le printemps va finir, et je sens ma feuille se sécher; demain je ne serai plus, et toi tu vivras, tu entendras les chants joyeux de l'alouette; comme elle, tu pourras saluer le soleil quand il viendra sécher tes pieds trempés de rosée. Il est si doux de vivre, pourquoi suis-je condamnée à mourir !

L'Immortelle répondit :

— Tout change, tout se renouvelle dans la nature; moi seule, je ne change pas.

Le printemps ne me donne pas une jeunesse nouvelle; ma feuille a tous les feux de l'été, toutes les glaces de l'hiver, et garde sa pâleur éternelle.

Jamais je n'entends autour de moi le doux

murmure des abeilles; jamais le papillon ne m'effleure de son aile; la brise passe sur ma tête sans s'arrêter; les jeunes filles s'éloignent de moi : qui voudrait cueillir la fleur des tombeaux, la froide et sévère Immortelle?

Balance encore une fois tes longs épis en signe d'allégresse, Lavande aux yeux bleus; lève tes regards vers le Ciel pour le remercier : tu es heureuse, tu vas mourir!

Tandis que moi, pauvre condamnée, je subirai les ennuis des pâles journées et des longues nuits d'hiver, je sentirai frissonner mes épaules sous la neige. J'entendrai dans les ténèbres la plainte monotone des morts!

Tu vas donc mourir, Lavande; ton âme va s'envoler vers le Ciel avec ton parfum.

Je te confie ma prière, ma sœur : dis à celui qui nous a créées toutes deux que l'immortalité est un présent funeste, qu'il me rappelle auprès de lui, source de tout bonheur, de toute vie.

MARGUERITINE

—

L'ORACLE DES PRÉS

———

Anna s'est réveillée à l'aube, et elle a pris le chemin de la prairie.

L'oiseau commence à peine son doux ramage, les fleurs inclinent encore leur tête trempée de rosée.

Anna étend ses regards de tous côtés et elle les arrête sur une Marguerite.

C'était bien la plus jolie Marguerite du pré; fraîche épanouie sur sa tige mignonne, elle regardait doucement le ciel.

Voilà, se dit Anna, celle qu'il faut consulter.

— Belle Marguerite, ajouta-t-elle, en se penchant vers la blanche devineresse, vous allez m'apprendre mon secret : — M'aime-t-il?

Et elle arracha la première feuille.

Aussitôt elle entendit la Marguerite qui poussait un petit cri plaintif et lui disait :

— Comme toi j'ai été jeune et jolie, petite Anna; comme toi j'ai vécu et j'ai aimé.

Ludwig ne s'adressa pas à une fleur pour savoir si je l'aimais.

Il me le demanda lui-même, tous les jours m'arrachant une syllabe de ce mot amour, me forçant peu à peu à le lui dire. Comme tu enlèves mes feuilles une à une, il m'enleva un à un tous ces doux sentiments qui sont la protection de l'innocence.

Mon pauvre cœur resta seul et nu, comme va rester ma corolle, et je souffrais, je regrettais mes blanches feuilles, mes doux sentiments.

Ne fais point de mal à la Marguerite, petite Anna, car la Marguerite est ta sœur; laisse-la vivre de la vie que Dieu lui a donnée. En récompense, je te dirai mon secret.

Les hommes traitent les femmes comme les Marguerites; ils veulent aussi avoir une réponse à la double question : M'aime-t-elle? ne m'aime-t-elle pas? Jeune fille, ne réponds jamais. Les hommes te rejetteraient après t'avoir effeuillée.

On ne sait pas si Anna, la petite Anna, a bien profité du secret de la Marguerite.

ALTERA CANZONE

—

LA FLEUR DU SOUVENIR

———

De sa chevelure tomba une fleur; lui voulut la ramasser, mais elle l'arrêta.

— Laisse, lui dit-elle, laisse la fleur que le vent emporte, et prends celle-ci.

En me tirant de son sein, elle me mit dans la main de son ami.

— Fleur délicate et chérie, dit-il à son tour en me souriant, je veux te garder sans cesse, fleur aimée, fleur du souvenir!

Il m'emporta chez lui, il me mit dans un vase de pur cristal; il me regardait sans cesse, et en me regardant, c'était elle qu'il voyait.

— Fleur de ma bien-aimée, disait-il souvent, que ton parfum est doux, comme il enivre le cœur!

Elle t'a touchée, elle a laissé glisser sur toi son haleine; je te reconnaîtrais entre mille.

Cependant mes couleurs se flétrissaient, ma tige s'inclinait languissante, il me prit un jour d'un air triste.

— Pauvre fleur, me dit-il, tu vas mourir, je le vois; viens, je veux te faire une tombe dans un lieu secret et privilégié, c'est comme si je t'ensevelissais à côté de mon âme.

Il me glissa parmi les lettres de sa bien-aimée.

J'étais bien pour reposer dans cette atmosphère suave. Souvent il visitait ma tombe, et, fantôme reconnaissant, je retrouvais mes anciens parfums, je lui apparaissais dans tout l'éclat de ma jeunesse, et son amour lui semblait plus jeune aussi.

Peu à peu je l'ai vu moins souvent.

L'autre jour il est venu, il a pris les lettres sans les lire, et les a brûlées.

Il m'a vue et m'a longtemps regardée : — Pourquoi es-tu là ? semblait-il me demander.

Il m'a saisie, et s'approchant de sa fenêtre, je sentis que je glissais entre ses doigts distraits.

L'ingrat ne me reconnaissait plus, moi, la fleur tirée du sein de sa bien-aimée, la fleur du souvenir !

Le vent a dispersé dans le vide mes pauvres feuilles desséchées.

LES CONTRASTES

ET

LES AFFINITÉS

I

CANCANS DE PORTIER

Monsieur Coquelet, rentier retiré, ne passait jamais le matin devant la loge de son portier sans lui faire part des événements mémorables de sa nuit : s'il avait entendu trotter une souris, si le ruban de son bonnet de coton s'était dénoué, s'il avait rêvé chat, M. Jabulot était bien sûr d'en être informé le premier.

Nous sommes forcés de convenir que le portier de l'honnête rentier se nommait Jabulot. Et pourquoi pas ? lui-même s'appelait bien Coquelet.

D'un autre côté, si un locataire était rentré plus tard ou sorti plus tôt que de coutume, si le troisième étage s'était brouillé avec l'entresol, si le rez-de-chaussée levait le nez vers la man-

sarde, M. Jabulot se faisait un devoir d'en ins-
truire M. Coquelet avant la laitière, la fruitière,
l'écaillère et toutes les autres commères.

Chose inouïe ! le locataire aimait son portier.
Fait incroyable ! le portier avait de la sympathie
pour son locataire.

Ce jour-là, M. Coquelet prit une pose tragique
pour s'arrêter devant la loge du portier.

— Père Jabulot, lui dit-il d'une voix grave,
avertissez le propriétaire que je lui donne
congé.

Le père Jabulot, laissa tomber le balai qu'il
tenait à la main et regarda M. Coquelet la bouche
béante.

— Mettez l'écriteau dès aujourd'hui, pour-
suivit-il d'un ton lent et pour donner plus de
poids à mes paroles ; ma résolution est immuable.

— Déménager ! répondit le portier, après un
moment de silence donné à la stupéfaction que
lui causait une semblable détermination, quitter
un appartement que vous occupez depuis vingt-
cinq ans !

— Six mois, onze jours, cinq heures et vingt-
cinq minutes. Et M. Coquelet poussa un soupir.

— Un appartement composé de deux petites
pièces si fraîches l'été, si chaudes l'hiver !

— Hélas !

— Un parquet que je frotte à le rendre luisant
comme un miroir !

— Heu ! heu ! heu ! Coquelet sanglotait. Il le
faut, mon pauvre Jabulot, il le faut !

— Il le faut! Le Gouvernement a donc fait banqueroute ! Vous êtes ruiné, mon cher monsieur Coquelet! Ah! grands dieux! grands dieux !

Jabulot, à son tour, essuya une larme.

— Rassurez-vous, père Jabulot, rassurez-vous; ce n'est pas cela.

— Mais alors, s'écria le portier en se redressant, vous auriez quelque reproche à me faire! Parlez, monsieur, parlez : on peut être fautif à tout âge, mais à tout âge aussi, on peut se corriger.

— Je me plais à vous rendre cet hommage, Jabulot, que vous n'êtes pour rien dans la pénible décision que je me vois forcé de prendre.

— Mais pourquoi ! mais pourquoi ! mais pourquoi !

— Vous ne le devinez pas, Jabulot?

— Nullement. Une maison si propre, si bien tenue, que j'habite depuis plus de quarante ans, Ah, tenez, monsieur Coquelet, je ne suis pas comme vous, moi: on m'offrirait les plus beaux cordons de Paris, que je ne voudrais pas abandonner le mien. Là où je m'attache une fois, je meurs. Faites-moi le plaisir de me dire ce qui vous manque. Vous avez un propriétaire qui ne veut pas de chien chez lui, des locataires qui appartiennent aux classes les plus distinguées de la société : un huissier, un professeur d'écriture, un fabricant d'étuis à chapeau ; des voisins...

— C'est ici que je vous arrête, Jabulot, car,

10.

puisqu'il faut vous l'avouer, ce sont mes voisins qui m'obligent à me séparer de vous.

— Dites plutôt vos voisines, car vous n'avez sur votre carré que ce jeune homme et cette petite ouvrière qui habitent les mansardes à côté de votre appartement. L'un, M. Frantz...

— Oh! ce n'est pas celui-là.

— Je le crois bien, un ange, un petit saint, qui passe toute sa journée à travailler, qui ne voit jamais personne, qui ne sort jamais que pour aller porter son ouvrage. L'autres, Mlle Pierrette...

— La scélérate !

— C'est donc contre elle que vous en avez ? Elle vous a repoussé un peu rudement l'autre jour, c'est vrai ; mais dame ! il paraît que vous vous étiez permis...

— Apprenez, monsieur Jabulot, que je ne me permets jamais rien. Qu'il vous suffise de savoir que cette demoiselle Pierrette n'est point la voisine qui convient à un citoyen paisible et rangé, qui se couche à huit heures du soir, et qui n'entend point être réveillé à minuit; d'un homme honnête et chaste, qui n'aime pas à écouter par force tout ce qu'il plaît à de jeunes écervelés de chanter sur l'air du tra la la. Que Mlle Pierrette et ses dignes amis se livrent tant qu'ils voudront à leurs folles orgies, je fuis, je quitte ces lieux autrefois calmes et vertueux, je donne congé devant Dieu et devant les hommes.

Un bruit de fiacre se fit entendre devant la

porte de la maison, et M. Coquelet finissait à
peine sa tirade, qu'une petite femme, la tête
surmontée d'un bonnet de pierrot, les épaules
et le reste du corps enveloppés d'un vaste tar-
tan, passa comme un sylphe devant la loge;
elle glissa entre les deux vieillards, et s'élança
vers l'escalier, légère, vive, sautillante, en
criant : — Bonjour, monsieur Coquelet ! bien
des choses de ma part à monsieur votre serin.

M. Coquelet avait la faiblesse des serins.

II

VOISIN ET VOISINE

Sur le carré de Coquelet, ainsi que l'avait dit
Jabulot, il y avait deux mansardes.

L'une occupée par un jeune homme, l'autre
par une jeune fille. L'appartement de Coquelet
les séparait.

Contre toutes les règles de l'art, nous allons
commencer par nous occuper du jeune homme.

Il a dix-huit ans à peine : sur sa figure innocente se démêle aisément, au milieu de la candeur qui en est le caractère principal, un air
de poétique exaltation qui le fait ressembler à
un de ces séraphins qui ressortent sur un fond
d'or dans les tableaux des peintres du moyen
âge.

Un séraphin dans une maison, dont le portier

s'appelle Jabulot, et qui a M. Coquelet pour locataire ! Vous ne me croyez pas ! Vous avez tort : il ne faut pas abuser du scepticisme ; il peut y avoir des séraphins partout.

Frantz en est un assurément ; il est descendu sur la terre pour remplir quelque mission que nous ne savons pas. Sans cela, serait-il aussi sage, aussi rangé, aussi assidu à son travail ? A son âge on aime les plaisirs, les distractions. Lui ne quitte pas sa table de toute la journée, et quand le soir est venu, son seul plaisir, sa seule distraction, consistent à s'accouder rêveusement sur le rebord de sa fenêtre, et à regarder le ciel parsemé d'étoiles brillantes.

Vous me demanderez sans doute quel est le travail de Frantz. Rassurez-vous, il ne fait ni des romans, ni des sonnets, ni des drames, ni des vaudevilles.

Que fait-il donc ?

Pour contenter tout de suite votre curiosité, je vous avouerai qu'il copie de la musique.

Voilà pour l'ange ; passons maintenant au démon. Il s'appelle Mlle Pierrette.

Elle a seize ans, un sourire perpétuel sur les lèvres, un éclair à domicile dans ses yeux.

Ses lèvres sont roses et ses yeux noirs.

Je ne vous parle ni de sa taille, ni de ses pieds, ni de ses mains, ni de ses cheveux. Je vous renvoie à tous les portraits de grisettes qui ont paru depuis mil huit cent trente jusqu'en mil huit cent quarante-six inclusivement.

Car Mlle Pierrette n'est pas autre chose qu'une grisette. Il est vrai qu'elle prend le titre d'artiste en couture.

Il faut vous dire que M. Coquelet n'a pas toujours été d'aussi mauvaise humeur contre Mlle Pierrette que nous l'avons vu ce matin.

La veille il s'était présenté chez l'artiste en robes, autrement dit : la couturière.

Midi venait de sonner.

M. Coquelet frappa discrètement à la porte de Mlle Pierrette. Pan ! fit-il une première fois ; pan ! pan ! continua-t-il. Voyant ensuite qu'on ne lui répondait pas et trouvant la clef sur la serrure, il entra.

C'était bien hardi ce que faisait M. Coquelet ; mais le but même de sa démarche doit l'excuser à nos yeux.

La jeune fille dormait sur un fauteuil vermoulu ; à son côté pendait tout l'attirail d'une défroque de bergère. Une chandelle, dont il ne restait que le bout, brûlait encore dans le goulot de bouteille qui lui servait de chandelier.

— O jeunesse, jeunesse inconsidérée ! dit M. Coquelet en se parlant à lui-même. Avant de pousser cette exclamation, le rentier, prévoyant que son discours pourrait dépasser les bornes ordinaires, prit soin d'éteindre la chandelle.

M. Coquelet, entre autres vertus, possédait au suprême degré celle de l'économie.

Comme il allait reprendre le fil interrompu de son discours, la jeune fille se réveilla.

— Tiens ! dit-elle en apercevant M. Coquelet,
debout, les bras croisés ; c'est vous ?

— Moi-même, mademoiselle.

— Quelle heure est-il ?

Mlle Pierrette se frottait les yeux en parlant
ainsi.

M. Coquelet s'approcha de la fenêtre et tira le
rideau.

— Regardez, dit-il d'un ton magistral.

La rue était pleine de bruit et de mouvement,
un beau soleil de la fin du mois de février
inondait la chambre de ses rayons joyeux.

— Voulez-vous bien fermer les rideaux !
s'écria Mlle Pierrette d'un air d'impatience ;
pourquoi m'avoir ainsi réveillée ?

— Je veux vous parler.

— Et moi je veux dormir.

Elle se retourna sur son fauteuil, et pencha
sa jolie tête sur le dossier, comme pour mettre
ses paroles à exécution.

Cette fois, M. Coquelet ne tint nul compte du
désir de Mlle Pierrette ; il prit devant elle une
posture résolue, et lui dit d'un ton ferme et
indigné à la fois :

— Jusques à quand, malheureuse femme,
vous laisserez-vous aller à tous les caprices de
votre légèreté ? Jusques à quand votre inconduite fera-t-elle le sujet des conversations de
tout le quartier ? Quoi ! ni la mine renfrognée
du portier, ni les plaintes, ni les clameurs des
locataires contre vous n'ont pu vous avertir !

— Aurez-vous bientôt fini votre sermon ?
demanda Pierrette en bâillant : je vous préviens
que je tombe de sommeil.

— C'est cela, reprit Coquelet : quand on a
fait de la nuit le jour, il faut bien changer le
jour en nuit. Mais ne voyez-vous pas qu'à ce
train de vie vous allez perdre votre jeunesse,
ruiner votre santé ?

— Qu'est-ce que cela vous fait ?

— Vous me demandez ce que cela me fait,
ingrate ? Eh bien apprenez...

— Quoi donc ?

Avant de répondre, Coquelet se campa fièrement devant son interlocutrice.

— Quel âge me donneriez-vous ?

— Soixante-deux ans.

— Je n'en ai que cinquante-huit ; je possède
une jolie place.

— Après ?

— Je peux demander ma retraite.

— Et puis ?

— Me retirer avec trois bonnes mille livres
de rente.

— Ensuite ?

— Les partager avec une femme, et faire son
bonheur.

— Vraiment !

— Voulez-vous être cette femme ? consentez-
vous à devenir madame Coquelet !

Le vieux rentier songea un instant à se mettre
à genoux ; mais, comme il n'était pas sûr que

Pierrette consentît à le relever, il aima mieux entendre la réponse sur ses jambes.

Cette réponse fut un éclat de rire. Après quoi, la jeune fille mit M. Coquelet à la porte.

C'est depuis ce jour que celui-ci s'était aperçu que Mlle Pierrette rentrait tard, qu'elle faisait du bruit, qu'elle l'empêchait de dormir

Il donnait congé par vengeance.

III

OU L'ON VOIT QU'IL EST QUELQUEFOIS PRUDENT DE S'ENFUIR QUAND ON VOUS APPELLE

Après le départ de Coquelet, Mlle Pierrette voulut continuer son somme ; mais cela lui fut impossible.

Elle essaya de travailler, mais cela lui fut bien plus impossible.

— Maudit Coquelet ! s'écria-t-elle en tapant du pied ; c'est pourtant lui qui me vaut cette insomnie. Je dormais si bien quand il est entré ! Mais que faire, bon Dieu ! que faire !

Me proposer d'être sa femme, à moi Pierrette ! Mais il ne s'est donc jamais regardé dans sa glace, le vieux loup ! Il a bien fait de s'en aller, car si je le tenais, je lui ferais bien expier sa sottise.

Et pourquoi n'essayerais-je pas ? Il ne doit pas être bien loin. A ces mots, elle sortit de sa chambre et se mit à crier de toutes ses forces :

— Monsieur Coquelet ! Monsieur Coquelet !

Il n'était pas au bas de l'escalier ; il leva la tête.

— Qui m'appelle ?

— C'est moi, Pierrette.

Le cœur de Coquelet se dilata.

— Elle me rappelle, pensa-t-il ; elle comprend tout ce que ma proposition a de flatteur et d'agréable pour elle. Vite, vite, remontons.

Il gravit les marches de l'escalier quatre à quatre.

Il était tout essoufflé, quand il se trouva en présence de Pierrette ; il lui sourit néanmoins.

— Vous m'avez appelé, ma toute belle ? lui demanda-t-il d'un ton doucereux.

— Oui, répondit Pierrette en prenant une contenance embarrassée.

— Que me voulez-vous ?

Redoublement d'embarras du côté de Pierrette. — Pauvre petite ! se dit Coquelet, elle n'ose m'avouer qu'elle veut devenir ma femme. Il faut l'encourager.

— Parlez, mon enfant, parlez sans crainte. Au point où nous en sommes, vous le pouvez.

— Je voulais vous dire...

— Voyons.

— Vrai, vous désirez que je parle ?

— Je vous en supplie, cruelle, ne retardez pas l'instant de mon bonheur.

— Eh bien ! s'écria Pierrette en changeant

I. — 11

tout à coup de ton, je voulais vous dire que vous êtes un monstre de m'avoir réveillée si matin, et qu'il faut que je me venge !

En même temps elle s'approcha de Coquelet, et le pinça de façon à lui faire pousser une clameur féroce.

Pierrette s'enfuit en riant, et courut se barricader dans sa chambre.

Coquelet sortit pour déposer sa plainte chez le procureur du roi.

IV

TIREZ LA CHEVILLETE, LA BOBINETTE CHERRA

Frantz entendit tout ce tapage, et sortit de sa mansarde. Il avait entendu la voix de Pierrette et celle de M. Coquelet qui semblaient se quereller.

Il voulut connaître les motifs de cette querelle.

M. Coquelet, furieux, transporté, éperdu, refusa de lui répondre. Mlle Pierrette venait de s'enfuir.

Comment faire ?

Il y avait bien un moyen : taper à la porte de Mlle Pierrette, mais Frantz était si timide. !

A la fin, il se décida. Il était rouge, il était pâle, tant le cœur lui battait.

Il frappa discrètement, à peine si Mlle Pierrette put l'entendre. Nous ne savons comment cela se fit, mais il n'eut pas besoin de recommencer comme M. Coquelet : une voix douce lui dit tout de suite : — Entrez.

Et il entra.

Maintenant que nous avons disposé les divers personnages de ce drame d'intérieur, donné une idée de leur caractère, de leur position, de leurs mœurs, le lecteur doit être excessivement curieux de connaître les grands événements qui vont suivre. C'est pourquoi nous allons passer à une autre histoire.

Muguet.

AUTRE MARGUERITINE

—

LE TRÈFLE

———

CUEILLE le Trèfle à quatre feuilles, m'a dit la vieille Marthe, c'est un talisman qui porte bonheur.

Et moi je me suis levée ce matin pour venir chercher le Trèfle à quatre feuilles.

Je parcours en tous sens la prairie, et je ne trouve pas mon talisman. Rend-il riche? fait-il aimer? préserve-t-il des maladies?

Mon Dieu, que ce champ de Trèfle est joli! comme ces festons découpés s'inclinent gracieusement sous la brise!

L'alouette a fait son nid au milieu des touffes de Trèfle, les petites bêtes du bon Dieu se balancent sur ses feuilles, les papillons voltigent autour de ses fleurs.

La perdrix et la caille y mènent promener leur jeune couvée : ils courent, ils jouent, ils se poursuivent au milieu de l'herbe épaisse.

Petits oiseaux, petites bêtes, papillons, le
Trèfle hospitalier accueille et protège les faibles
et les timides. Il n'est pas jusqu'au lièvre pares-
seux et sybarite qui ne vienne s'endormir pendant la chaleur sous ces touffes fraîches et
moelleuses.

Je comprends maintenant pourquoi la vieille
Marthe m'a dit de cueillir le Trèfle à quatre
feuilles.

Être humble et charitable, aimer les pauvres
et les opprimés, cela ne porte-t-il pas bonheur?

Montre-toi donc à moi, Trèfle à quatre feuilles,
mon cher talisman. Il y a bien longtemps que je
te cherche. Loués soient Dieu et ma patronne!
le voilà, je l'ai trouvé.

Lamier.

UNE LEÇON

DE

PHILOSOPHIE BOTANIQUE

I

MAXIME PROFONDE

Toute fleur est susceptible de culture, disait le savant docteur Cocomber à son élève le petit marquis de Florizelles, un jour qu'ils se promenaient ensemble dans les champs, à l'effet d'admirer le sublime spectacle de la nature.

On croyait beaucoup à la nature, au dix-huitième siècle.

— Voyez, ajoutait Cocomber, cet Œillet que j'ai cueilli ce matin dans le parterre du château, il a commencé par être une petite fleur simple, sans conséquence, indigne d'attirer l'attention d'un savant docteur comme moi; maintenant je le mets à ma boutonnière, je m'en pare, mon nez peut le respirer sans se compromettre. Savez-vous pourquoi?

— Vraiment non, répondit Florizelles.

— Parce qu'un jardinier habile a pris cette fleur, l'a cultivée avec soin, et en a fait une fleur de bonne compagnie, brillante, agréable, offrant vingt aspects, ayant vingt physionomies différentes, et tout cela grâce à l'éducation. Que monsieur le marquis jette un coup d'œil sur ce Chardon.

— C'est fait, répondit le marquis.

— Comment trouvez-vous cette plante?

— Horrible.

— Eh bien, je suis sûr qu'on parviendrait, avec du temps et de la patience, à lui faire porter des fleurs plus belles et plus parfumées que la rose. Retenez donc bien cette maxime, ajouta le gouverneur : Toute fleur est susceptible de culture.

Comme on entendit sonner la cloche du dîner, le docteur Cocomber trouva qu'il avait suffisamment fait admirer le spectacle de la nature à son élève, et ils prirent le chemin du château.

II

USAGE QUE FAIT DE CETTE MAXIME LE PETIT MARQUIS DE FLORIZELLES

Depuis longtemps Florizelles s'était aperçu que Toinette, la nièce du jardinier, était plus jolie, malgré sa jupe de bure, sa coiffe de per-

CHARDON

cale et ses sabots, que les demoiselles du voisinage qui venaient visiter sa noble mère.

Il suivait Toinette aux champs, il l'attendait pour lui parler lorsqu'elle rentrait chez son oncle, au détour de la grande allée.

Un jour, il lui avait même dit : — Toinette, je t'aime.

— Et moi itou !

Voilà ce qu'avait répondu Toinette. Comme ils avaient été pour ainsi dire élevés ensemble, que la mère de Toinette avait nourri Florizelles, qu'ils avaient joué tous les deux sur les genoux de la bonne femme, qu'ils ne s'étaient pas perdus de vue un seul instant depuis leur enfance, ils ne pouvaient pas faire beaucoup de façons l'un et l'autre à se dire qu'ils s'aimaient.

Le docteur Cocomber était trop savant pour s'apercevoir de cet amour, et lorsqu'il s'en fut aperçu il n'y prit pas garde.

— Après tout, se dit-il, il n'y a pas grand **mal** à cela : à leur âge ça ne peut aller bien loin, et puis, quand même? De tout temps les Toinette ont été faites pour les marquis de Florizelles.

S'il voulait faire quelque folie, il me suffirait de lui débiter une ou deux de mes grandes maximes pour l'en empêcher.

Il s'endormait là-dessus, heureux que son élève allât faire l'école buissonnière, et lui permît de se livrer tranquillement à sa sieste habituelle.

Sur ces entrefaites, la mère de Florizelles

mourut, et il déclara à son gouverneur qu'étant majeur et libre de son bien, il voulait aller vivre à Paris et emmener Toinette.

Emmener Toinette! Cocomber ne pouvait en croire ses oreilles.

— Mais, monsieur le marquis, disait le docteur, vous trouverez assez de jolies femmes à Paris.

— Je préfère Toinette.

— Une paysanne!

— Plus jolie qu'une reine.

— Une fille qui ne sait rien!

— Je ferai son éducation.

Cocomber haussa les épaules.

— Rappelez-vous, reprit le marquis, ce que vous me disiez l'autre jour :

Toute fleur est susceptible de culture.

III

TOINETTE

Florizelles ne se trompa pas à l'égard de Toinette. Au bout de trois mois de séjour à Paris, elle s'était complètement formée.

Elle chantait à ravir les airs du *Devin de village*.

Elle faisait d'admirables portraits d'épagneuls au pastel.

Elle écrivait de charmants petits billets.

Elle avait des airs de tête et des mouvements de corps d'une langueur adorable.

Quand le marquis donnait une fête, on faisait cercle pour voir Toinette danser le menuet ou la furstemberg.

Il fallait la voir avec ses mouches, ses petites mules mignonnes, ou ses petites galoches relevées, ses paniers, sa poudre et son éventail! Watteau voulut à toute force faire son portrait.

Florizelles passait pour un heureux drôle.

IV

FLORIZELLES

Florizelles s'ennuyait.

Non pas que Toinette manquât d'esprit avec toute sa beauté; au contraire, elle en avait autant, pour ainsi dire, que de grâce.

Sa conversation était animée, vive, étincelante : on admirait l'à-propos de ses reparties, l'heureux tour de ses expressions.

La fleur avait amplement répondu aux soins de l'horticulteur, et cependant l'horticulteur n'était pas satisfait.

Il regrettait la simple fleur des champs qu'il avait cueillie.

V

DES INCONVÉNIENTS DE L'ÉDUCATION

La beauté conduit à la coquetterie. L'éducation mène à l'orgueil.

L'orgueil est frère du dédain.

Une femme qui sait qu'elle est belle, qu'elle a de l'esprit, n'apprend ces choses-là que par l'éducation.

Une fois qu'elle les sait, il est impossible qu'elle ne se mette pas tout de suite à s'admirer elle-même, et à dédaigner les autres.

Rien ne fait plus souffrir qu'une femme dédaigneuse.

Or, le dédain, c'était le défaut de Toinette.

VI

OU LE DOCTEUR COCOMBER FAIT ENCORE PLUS VIVEMENT SENTIR LA VÉRITÉ DE CE QUE NOUS VENONS DE DIRE

Florizelles se promenait dans son jardin comme au commencement de cette histoire.

Il causait avec son ancien gouverneur qu'il avait invité à dîner.

Tous deux parlaient de Toinette.

Vers la fin de l'entretien, le docteur Cocomber cueillit un Œillet.

— Voilà, dit-il au marquis, la fleur qui m'a fait émettre la maxime qui vous a perdu. De toutes les fleurs, c'est celle qui est la plus susceptible de culture. Savez-vous ce qu'en a fait la sagesse des nations?

Le symbole du dédain.

ŒILLET

VII

AUTRE VERSION

Il en est qui se contentent de faire de l'œillet la fleur des poètes, à cause de la fécondité et de la variété de ses produits : ceux-là ne s'aperçoivent pas qu'ils ne font que changer le nom, la chose reste la même. Mépriser les autres, rester en perpétuelle admiration de soi-même, se croire d'une race supérieure aux autres mortels, n'est-ce pas là en général le défaut des poètes ? Ce défaut ne s'appelle-t-il pas aussi le dédain ?

Donc, nous nous en tiendrons à notre premier symbole.

Florizelles ne se consola jamais de son abandon, malgré la beauté des maximes que Cocomber inventa pour le ramener à la sagesse. — La paysanne ignorante serait restée constante, pensait-il ; la femme du monde m'a trahi ; c'est ma faute. Oh ! si c'était à recommencer !...

Il répéta cette phrase jusqu'à quarante ans, époque à laquelle il se maria.

VIII

POUR NE PAS FINIR SUR UN SYMBOLE

Nous dirons que Toinette quitta le marquis de Florizelles pour un duc, et le duc pour un prince.

Elle se croyait au-dessus de tout le monde.

Ces perpétuels changements ne nuisirent ni à son bonheur ni à sa santé. Toinette vécut jusqu'à l'âge de quatre-vingt-dix ans.

Il est bon de remarquer ici que presque toutes les femmes remarquables du dix-huitième siècle sont mortes fort vieilles et sans aucune espèce d'infirmité.

IX

AU LECTEUR

Tu as déjà compris, ami lecteur, que c'est la vie de l'Œillet lui-même que je viens de te raconter sous le pseudonyme de Toinette.

Fleur de Laurier-Rose (*Nerium oleander*).

ÉGLANTINE

AUTRE GHAZEL

—

L'ALOÈS

———

Le jeune Ahmed-ben-Hassan, étudiant d'Alep, se promenait dans la campagne.

Comme la chaleur du jour devenait trop forte il s'assit sous un buisson d'Églantines.

On était au milieu de la lune de mai ; les fleurs fraîchement épanouies répandaient une douce odeur. Ahmed-ben-Hassan savourait avec un égal plaisir le parfum du buisson et son ombre.

Comme il avait un cœur reconnaissant et une imagination aimable, la fantaisie lui prit d'adresser un ghazel à l'Églantine.

« L'Églantine naît au bord des chemins ; on n'a qu'à étendre la main pour la cueillir.

« L'Églantine plaît à tout le monde pour sa beauté naïve ; elle est le charme du cœur et des yeux.

« L'Églantine n'a pas besoin de culture, elle

plaît d'autant plus qu'elle reste dans sa simplicité.

« Ainsi l'homme de génie naît dans le peuple,
chacun le comprend et l'aime; il est d'autant
plus fort qu'il n'emprunte rien à l'éducation, et
reste lui-même. »

Après avoir composé ce ghazel, le poète le
récita à haute voix, quoiqu'il n'y eût là personne
pour l'entendre.

A peine avait-il achevé, qu'une voix douce et
argentine retentit à son oreille. Il se retourna
et vit une Églantine qui lui parlait.

« Admed-ben-Hassan, lui dit-elle, après force
compliments, regarde là-bas, au pied du rocher,
l'Aloès aux branches épineuses.

« Ses racines ont mis près d'un siècle à percer la pierre dure; il a supporté le soleil ardent,
le simoun plus ardent que le soleil, chétif, ra-
bougri, avec un serpent à ses pieds.

« Ce serpent, c'était la misère.

« Bientôt une fleur magnifique s'épanouira au
sommet de cette tige épineuse, et toutes les
autres fleurs pâliront devant elle.

« Le serpent s'enfuira.

« Et quand la fleur sera flétrie, quand la tige
tombera sur le sol, précieusement recueillie,
elle formera un parfum qui durera toujours.

« Ce n'est pas l'Églantine, Ahmed-ben-
Hassan, c'est l'Aloès qui est la fleur du génie. »

LES CONTRASTES

ET

LES AFFINITÉS

— SUITE ET FIN —

V

ON N'EST JAMAIS TRAHI QUE PAR SOI-MÊME

Nous en étions restés à ce point culminant de notre histoire où Frantz, pénètre dans la chambre de Mlle Pierrette.

Nous l'avons montré ému, rouge, palpitant; ce n'était point cependant la première fois que pareille chose lui arrivait.

Souvent, lorsque Mlle Pierrette, au retour de ses excursions nocturnes, voyait briller la lampe solitaire de Frantz. elle entrait chez lui pour allumer sa chandelle qui venait de s'éteindre.

De son côté, lorsqu'il entendait par hasard la jeune fille répétant les refrains d'une chanson-nette, Frantz quittait son ouvrage et se rendait chez elle.

Nous devons dire à sa louange que c'était le seul motif qui pût lui faire abandonner son travail.

M{::}^{lle}::} Pierrette n'était pas insensible à ces visites, et elle reconnaissait Frantz, rien qu'à sa manière de frapper à sa porte.

Elle eut soin de faire disparaître sa défroque de bal avant l'arrivée du jeune homme.

Sa présence ne calma pas tout de suite la colère dans laquelle venait de la mettre l'offre du Coquelet. Frantz la trouva dans l'ébranlement nerveux que causent toujours les émotions fortes chez les femmes.

Il lui en demanda la cause.

— C'est ce monstre de Coquelet, répondit-elle; savez-vous ce qu'il me proposait tout à l'heure?

— Quoi donc?

— De l'épouser !

A ces mots, Frantz pâlit; il reprit en balbutiant :

— Et vous lui avez répondu ?

— Ma réponse a été un bleu dont il se souviendra longtemps. Moi, devenir sa femme ! jamais !

M{::}^{lle}::} Pierrette prononça ce mots avec une attitude tout à fait cornélienne. Frantz se sentit soulagé comme d'un grand poids; ses joues reprirent leur couleur naturelle; il saisit la main de Pierrette.

— Oh ! merci, lui dit-il !

Voilà une exclamation que notre héros aurait

bien voulu retirer ; mais, ma foi, il n'était plus temps ; Frantz s'était trahi lui-même.

Ceci nous évitera une foule de préparations, de précautions, de circonlocutions, pour vous apprendre que Frantz aimait Mlle Pierrette.

Je parie que vous vous en doutiez !

VI

LES MENSONGES DE MADEMOISELLE PIERRETTE

Comment se fait-il, nous dira le lecteur, qu'un jeune homme posé, rangé, sage, laborieux, innocent, candide, une espèce de Grandisson comme M. Frantz, puisse éprouver de la sympathie pour une jeune fille dissipée, frivole, légère, peut-être même coquette, comme Pierrette ?

A cela nous pourrions répondre par deux axiomes que, vu la gravité de la circonstance, nous ne traduisons pas en français.

Similia similibus, contraria contrariis.

Le vieux rentier est attiré par le vieux concierge, Coquelet par Jabulot : *Similia similibus.*

Le sage Frantz a un penchant pour la folle Pierrette : *Contraria contrariis.*

Cette réponse serait péremptoire ; mais nous en avons une en réserve qui vaut peut-être mieux.

Frantz ne sait pas à qui il a affaire

Si Mlle Pierrette rentre si tard le soir, et quelquefois pas du tout, c'est que l'ouvrage presse et qu'on la retient à l'atelier.

Si elle chante, c'est pour donner le change à de noirs chagrins qui l'obsèdent.

Si elle passe ses après-midi à dormir, c'est que son faible corps, vaincu par le travail obstiné de la nuit, ne peut résister à la fatigue.

Voilà ce que Pierrette a dit à Frantz, et il est reconnu qu'on croit tout de la femme qu'on aime.

VII

UNE CHOSE CONVENUE

Il est bien convenu, une fois pour toutes, que Frantz a avoué son amour à Pierrette, le jour où il est entré dans sa chambre, après le départ de M. Coquelet.

Il est également établi que Mlle Pierrette a reçu cette déclaration avec infiniment plus de plaisir que celle du vieux rentier.

On est prié de se figurer le bonheur de Frantz : aucune plume humaine n'en saurait donner une idée.

VIII

REVENONS A M. COQUELET

Le procureur du roi refusa de recevoir sa plainte, un pince-sans-rire n'étant pas ce qu'on nomme vulgairement un délit prévu par le Code pénal.

Voilà donc Coquelet d'autant plus furieux qu'il est obligé de renoncer à sa vengeance.

En allant au parquet, il voyait Pierrette assise sur les bancs de la police correctionnelle ; le ministère public concluait à six mois de prison et mille francs de dommages-intérêts.

Alors Coquelet se levait, promenait un regard assuré sur les juges et sur l'auditoire ; tout le monde faisait silence, et il déclarait que si la coupable consentait à l'épouser, il retirait sa plainte sur-le-champ.

Pierrette se jetait à ses genoux et les embrassait en fondant en larmes ; le ministère public lui adressait un *speech* de félicitation sur sa générosité, et l'auditoire le couvrait d'applaudissements, malgré les avertissements du président, qui réclamait en vain le silence, toutes les marques d'approbation ou d'improbation étant sévèrement défendues par la loi.

Quelle différence au retour !

La réalité, et la réalité poignante, à la place de tant d'illusions !

Coquelet se voyait forcé de déménager, d'abandonner un logement où il avait passé des jours si heureux et si tranquilles, où ses serins étaient si bien acclimatés.

Il supputait les dépenses forcées et extrordinaires qu'occasionne toujours un déménagement.

Tout moyen de contraindre Pierrette à devenir sa femme était perdu.

On est supplié de se figurer le désespoir de Coquelet. Rien ne saurait lui être comparé.

IX

DISONS QUELQUES MOTS DE JABULOT

Je me trompe.

Le désespoir de Jabulot pourrait parfaitement approcher du désespoir de Coquelet.

Apprenez que la maison dont M. Jabulot est depuis quarante ans portier, cette maison qu'il regarde comme sienne, à laquelle il s'est identifié, dont il est l'âme, cette maison a changé de maître.

Le nouveau propriétaire a une de ses créatures à pourvoir ; il lui a jeté en pâture le cordon de Jabulot.

L'infortuné a reçu, aujourd'hui même, l'ordre de partir dans les vingt-quatre heures ; passé ce temps, on le fera reconduire, de brigade en brigade, jusqu'aux frontières de sa loge.

Dans tout autre moment, Coquelet eût partagé la douleur de Jabulot, il aurait mêlé ses larmes aux siennes ; mais le malheur rend égoïste.

Il répondit d'un ton sec au portier, qui lui racontait sa mésaventure : — Que voulez-vous que j'y fasse !

X

LA VENGEANCE D'UN RENTIER

Frantz épiait le retour de M. Coquelet.

Parce que le rentier, en passant, lui disait quelquefois : « Il ne faut pas tant travailler, vous vous rendrez malade ; »

Parce qu'en lui parlant il l'appelait toujours : « Mon jeune ami ; »

Parce que de temps en temps il lui donnait quelques conseils au nom de sa vieille expérience,

Frantz regardait Coquelet comme un second père : les natures sensibles sont toujours dupes de leur sensibilité.

Il attendait donc le retour de son second père pour lui faire part de son bonheur, le charger d'aller de sa part demander à ses parents la main de Mlle Pierrette, et le prier de vouloir bien bénir leur union.

Coquelet était à peine rentré chez lui que Frantz se présenta et se jeta dans ses bras.

— O vous ! s'écria-t-il, qui avez guidé ma jeunesse, soyez le premier instruit de mon bonheur. Elle m'aime.

— Qui, elle ?

— Pierrette.

— Pierrette !

— Elle-même, la douce, la bonne, la sage, la vertueuse, l'incomparable Pierrette ! J'ai peine à croire à ma félicité.

Un sourire sardonique effleura les lèvres de Coquelet.

— Elle vous a dit, reprit-il ensuite, qu'elle vous aimait ?

— De sa propre bouche.

— Et vous la croyez ?

— Douter de Pierrette, quel blasphème ! oh ! non, jamais !

Coquelet prit un air majestueux.

— Écoutez, mon jeune ami, et croyez les conseils de ma vieille expérience. Pierrette n'est pas ce que vous voyez ; elle vous trompe, l'infâme !

— C'est vous qui me trompez ; cessez ce jeu cruel, je vous en supplie.

— Il faut que je vous ouvre les yeux, mon jeune ami, tout m'en fait un devoir ; prêtez-moi une oreille attentive.

Alors il se mit à lui en dire sur Pierrette. Sa conduite, ses mœurs, la cause de ses sorties nocturnes, le vieillard se fit un plaisir de tout lui découvrir. Frantz était atterré sous le poids de ces révélations.

— Des preuves, disait-il d'une voix faible et étouffée, donnez-moi des preuves.

— Il vous faut des preuves ?

— Oui !

— Eh bien, allez ce soir au bal de l'Opéra.

XI

C'EST LA FAUTE DE M. MUSARD

Frantz attendit minuit avec impatience. Il prit le chemin de l'Opéra. Méphistophélès-Coquelet le suivait.

Coquelet n'avait jamais mis les pieds à l'Opéra, et il tremblait quelque peu en entrant; mais la vengeance, ce plaisir des dieux et des rentiers, lui donnait des forces.

Une fois dans la salle, il eut bien quelques désagréments à essuyer.

Un pierrot lui demanda où il avait acheté son faux nez.

Coquelet n'avait absolument rien de faux sur la figure.

Un débardeur s'informa du prix que lui avait coûté son déguisement chez Babin.

Coquelet portait son habit vert-pomme, l'habit qui lui servait aux grandes solennités.

L'un le tirait par la manche, l'autre par la perruque. Il commençait à regretter de s'être hasardé dans cette assemblée de démons.

Tout à coup Frantz, dont l'avide regard plongeait dans tous les groupes, poussa un cri.

La foule s'ouvrit comme par enchantement, pour laisser passer des sergents de ville et des gardes municipaux qui conduisaient une petite femme en costume de pierrot.

— Je suis innocente, disait-elle aux gardes, pourquoi l'orchestre joue-t-il des quadrilles qui vous font perdre la tête? C'est la faute de M. Musard.

Dans cette femme Frantz avait reconnu Pierrette.

XII

SOYEZ HEUREUSE

Tout le temps que dura le trajet de l'Opéra jusque chez lui, Frantz garda un morne silence.

— Du courage, mon jeune ami, du courage ! lui disait Coquelet ; croyez-en ma vieille expérience, une femme ne vaut pas la peine qu'on la regrette.

Frantz ne répondait pas.

Arrivé devant sa chambre, il se jeta dans les bras de M. Coquelet en fondant en larmes.

— Adieu ! lui dit-il, mon seul ami, adieu !

— Pauvre enfant ! fit le vieux rentier, que je le plains ! je suis aussi malheureux que lui.

Il ne se tenait pas de joie du succès de sa ruse.

Rentré chez lui, Frantz se mit à son bureau et écrivit la lettre suivante :

« Vous m'avez trompé ; je vous méprise, mais je sens que je vous aime encore. Il ne me reste donc plus qu'à mourir. Adieu ! je vous pardonne ; soyez heureuse ! »

Comme le jour même il avait fait sa provision de charbon, il s'asphyxia.

XIII

OU FINIT L'HISTOIRE ET OU COMMENCE LA FÉERIE

Au moment où Frantz laissait tomber sa tête déjà alourdie par les vapeurs du charbon, sa fenêtre s'ouvrit silencieusement.

Une forme la traversa d'un vol léger.

Cette forme était celle d'une femme. Elle s'approcha du mourant, et toucha sa figure du bout de ses ailes.

— Meurs sans souffrir, dit-elle, meurs, mon enfant, mon beau Lin, doux symbole de candeur et de pureté. Un hasard fatal t'a jeté sur les pas de la Belle-de-Nuit, et tu l'as aimée. Pauvre enfant ! tu aimais la coquetterie et la dissipation.

Comme te voilà puni d'avoir voulu quitter la rive natale, le pays de la Fée aux Fleurs, mon beau royaume !

La Fée aux Fleurs déposa un baiser sur le front de Frantz, qui semblait seulement endormi.

Quant à Coquelet, reprit-elle ensuite, et à Pierrette, je veux qu'ils restent encore quelque temps sur la terre ; il faut qu'ils soient punis. Le rentier ne reprendra sa forme primitive de

Houx, et la danseuse des bals de l'Opéra celle de Belle-de-Nuit, que lorsqu'ils auront expié l'un son égoïsme, l'autre son inconduite.

Demain, à l'aurore, tu te trouveras dans mon parterre ; il faut maintenant que j'aille m'occuper de ce bon Lierre de Jabulot.

Elle toucha Frantz de sa baguette et elle s'envola.

XIV

ÉCLAIRCISSEMENT

Jabulot était mort de saisissement et de douleur sur le seuil de sa loge au moment de la quitter.

XV

DIX ANS APRÈS

Coquelet regrettait toujours son ancien appartement, et se désespérait de n'avoir pas épousé Pierrette. Pour se distraire, il avait voulu jouer sur les fonds d'Espagne, et il ne lui restait plus que huit cents livres de rente. Il s'était vu forcé de restreindre ses dépenses et de réformer ses serins.

Pierrette faisait des ménages.

MARINE

—

L'ACACIA & LA VAGUE

———

JE connais non loin de la mer un bosquet d'Acacias dont j'ai pris ce matin une branche fleurie.

Quand on vient de cueillir une fleur, on aime à s'approcher du rivage.

On se promène sur la grève, et on jette un regard sur les flots et un regard sur la fleur.

Il semble que la Vague vient se briser plus doucement à vos pieds, qu'elle s'y roule plus longtemps, qu'elle vous demande quelque chose.

Elle a envie de votre fleur.

« Retire-toi, Vague capricieuse, lui dites-vous ; ce n'est pas pour toi que je l'ai recueillie, ma belle branche d'Acacia.

« Après l'avoir pressée un moment sur tes lèvres amères, tu l'entraînerais au fond des abîmes de l'Océan. »

12.

Mais la Vague ne se décourage pas : voyez quelle blanche écume elle fait à vos pieds ; comme elle s'élève, comme elle bondit : on dirait qu'elle veut saisir elle-même la fleur que vous tenez.

Vous riez de la Vague, vous vous moquez de ses efforts, vous agitez la fleur devant elle comme pour lui dire : Tu ne l'auras pas !

Pendant que vous vous applaudissez de votre victoire, l'invincible fascination du gouffre agit à votre insu. Le flot l'emporte. C'en est fait, la branche s'échappe de vos mains, vous la voyez monter et descendre, flotter, tournoyer, puis s'enfoncer dans la mer.

Vous le regrettez, mais il n'est plus temps.

D'où vient ce magnétisme secret dont tout le monde a subi l'atteinte ? Pourquoi est-ce toujours à la Vague la plus folle qu'on aime à jeter la fleur ?

Demandez-moi à quelle femme vous avez jeté votre cœur, et je vous répondrai.

Fleur de Rhubarbe. (Les deux verticilles du périanthe sont de même couleur.)

—

LE SAULE PLEUREUR

Venez sous mon ombre, vous tous qui souffrez, je suis le Saule Pleureur; je cache sous mon feuillage une femme au doux visage; ses cheveux blonds pendent sur son front et voilent son œil humide : c'est la muse de tous ceux qui ont aimé.

Venez, la mousse qui s'étend à mes pieds est douce, la brise qui passe dans mes branches est rafraîchissante. Vous trouverez celle que vous cherchez, et que vous ne connaissez pas, celle qui doit vous consoler.

Amante et vierge, elle reçoit sur son sein tous ceux qui pleurent. Ses lèvres ne se posent jamais que sur des blessures. Un de ses baisers les guérit.

Elle est la chaîne qui lie la fin de l'homme à son commencement.

Sur les passions de la jeunesse elle sème des

fleurs printanières ; quand vient l'heure du désenchantement, elle le rend moins amer en faisant paraître à nos yeux la douce chimère du
souvenir.

Elle console ceux qui appellent la mort ; elle
les berce de tendres paroles. — Toute vague a
son écume, leur dit-elle ; le fond de toute coupe
est amer : aimer, n'est-ce pas souffrir ?

C'est ainsi qu'elle les endort dans leur douleur.

Quelle est cette femme ? C'est votre amie **la
plus** vraie, votre sœur la plus dévouée. **Son
nom**, son chaste nom, c'est : Mélancolie.

Elle **a une** sœur qui s'appelle Rêverie. Elle
habite au fond des grands bois. Ne l'avez-**vous**
jamais rencontrée ?

Elle vient ici tous les jours, et je caresse son
front pâle avec le bout de mes feuilles penchées.

Venez sous mon ombre, l'ombre du Saule
pleureur ; c'est là que vous trouverez, pensives
et souriantes, Mélancolie et Rêverie, les **deux**
sœurs, écoutant le murmure des vents dans **les**
arbres, assises au bord de l'eau.

LA MODE DES FLEURS

IL est temps de ménager les forces du lecteur, et de jeter ici une courte digression.

Chaque époque a eu ses fleurs de prédilection. Pour prendre une idée juste des idées, des mœurs, des habitudes d'une nation, on n'a qu'à regarder ses bouquets.

Nous sommes fiers d'être les premiers à poser l'aphorisme suivant :

Les fleurs sont l'expression de la société.

Nous ne parlerons pas des fleurs au temps de la Grèce et de Rome. Le paganisme entoura les fleurs d'une sorte de terreur religieuse. Chaque calice semblait la tombe d'une nymphe ou d'un demi-dieu. En cueillant une fleur, on craignait de faire souffrir Daphné ou d'arracher une plainte à Adonis.

Nous laisserons de côté les variations de la mode des fleurs en Angleterre, en Allemagne, en Italie, en Espagne. Cette étude nous entraînerait trop loin. La France nous suffira. En tout ce qui concerne les choses de la mode, la France n'a-t-elle pas toujours donné le ton?

Commençons par le moyen âge.

A part le Lis et la Mandragore, le moyen âge n'aima guère les fleurs. Celles que crée la nature ne lui suffirent pas; il en inventa de chimériques; il peignit des fleurs impossibles sur le frontispice des missels, il en orna les vitraux de ses cathédrales. Tout alors était fantastique, les animaux et les plantes. C'était l'époque où la salamandre dansait dans le feu, où l'on croyait à l'herbe magique qui donne l'éternelle jeunesse. Le moyen âge ne songeait qu'à faire épanouir ses ogives, ses rosaces, ses arabesques; ses fleurs à lui étaient de pierre.

Dans ce temps-là, on n'aimait que les fleurs tristes. Le Chardon, l'Ortie, l'Ivraie s'étalent presque toujours sur le devant des tableaux. Voyez la couronne qu'Albert Dürer met sur la tête de son ange. C'est peut-être le seul ange du moyen âge qui ait des fleurs autour du front, et il représente la Mélancolie.

Le Lis et la Mandragore furent les seules fleurs acceptées sans restriction. C'était bien le double symbole d'une époque de foi sincère et de légendes fantastiques.

Vint la Renaissance.

Qui le croirait? La Renaissance qui fut comme l'époque du réveil de la grâce, la Renaissance négligea les fleurs. Elle parut, comme le moyen âge, ne les aimer qu'en sculpture. Si les fleurs du moyen âge étaient de pierre, celles de la Renaissance furent de métal.

Il n'y a de grand horticulteur pendant la Renaissance que Benvenuto Cellini, qui faisait de si belles fleurs d'or, d'argent et de bronze.

Ronsard aimait les fleurs; il en parle constamment dans ses vers; mais il n'en put communiquer le goût à son époque. On crut un instant que les fleurs allaient enfin triompher de l'indifférence publique et asseoir définitivement leur empire en France, lorsqu'on vit tous les poètes se réunir pour tresser la fameuse guirlande de Julie; mais Louis XIII mourut, et Louis XIV monta sur le trône.

Le grand siècle fut encore plus indifférent pour les fleurs que le moyen âge et la Renaissance. Où est la place des fleurs à Versailles, à Saint-Cloud, à Marly, dans toutes les grandes résidences? C'est à peine si l'on réserve un mince parterre perdu au milieu de la grandeur de l'ensemble. Que voulez-vous! le grand roi n'aimait pas les odeurs, et le grand siècle se mit à imiter le roi.

Seul, le grand Condé fit exception; il eut le courage de cultiver des Œillets, et d'en porter à la boutonnière en présence de Louis XIV. C'est peut-être le plus grand acte de témérité qu'ait pu commettre le vainqueur de Rocroi dans tout le cours de sa brillante carrière militaire.

Le Nôtre et La Quintinie, pour récréer les yeux des promeneurs, taillèrent tant qu'ils purent l'If et le Buis; mais des pointes, des carrés, des ronds, des losanges, des triangles, des trapèzes, des angles rentrants, aigus, obtus, ne remplacent pas les fleurs.

Une autre raison contribua à nuire aux fleurs au moins autant que l'antipathie de Louis XIV.

Il faut en convenir, le grand siècle a peut-être été le plus médicinal de tous les siècles. Turenne, Condé, Vauban, Catinat, Bossuet, Fénelon, Racine, Molière, Boileau, Villars, Saint-Simon, Louvois, Colbert, se médicamentaient d'une façon vraiment incroyable. Le personnage le plus important de la société après le confesseur, c'était l'apothicaire. On ne connaissait en fait de fleurs que la Jusquiame, la Guimauve, la Camomille, la Capillaire, la Digitale et les autres gros bonnets de la flore pharmaceutique. Les fleurs ne s'achetaient qu'en petits paquets chez les herboristes : les malheureuses semblaient condamnées à la tisane à perpétuité.

La Régence ne dura pas assez longtemps pour avoir une action décisive sur l'avenir des fleurs. Cependant on vit poindre alors quelques collections de Tulipes. De vieux officiers, qui avaient fait les campagnes de Hollande, et qui cachaient sous Louis XIV ce goût qui leur était venu d'un peuple dont le seul nom mettait le grand roi en fureur, ne craignirent pas de le montrer sous son débonnaire neveu. C'est ainsi que prit naissance l'art, la science ou

GUIMAUVE

l'industrie du fleuriste, comme vous voudrez l'appeler.

Voici le dix-huitième siècle. Ne vous hâtez pas de crier bravo! Ce n'est pas autant le siècle des fleurs que vous avez l'air de le croire.

Rien de ce qui est naturel ne pouvait plaire au dix-huitième siècle. L'époque des mouches, du fard, de la poudre, des paniers, ne devait pas s'accommoder de la simplicité des fleurs. Watteau ne peignit que des charmilles et des bosquets; ses bergers et ses bergères sont couverts de rubans, eux, leur chien, leur houlette, leurs moutons; mais une fleur dans tout cela, la plus simple pâquerette, vous la chercheriez en vain.

Mais voilà que vers la fin du siècle, la société commence à s'ennuyer des bergers, des bergères, des charmilles, des agneaux. Elle cesse d'être pastorale pour devenir champêtre; de la galanterie elle passe au sentiment. On commence à apercevoir les fleurs qui parfument le pré, la haie, le sentier, et le dix-huitième siècle tout entier s'écrie en même temps que Rousseau : une Pervenche!

C'était la première fois que ce bon dix-huitième siècle s'apercevait que les Pervenches existent.

La Révolution française montra pour les fleurs la plus grande considération. Saint-Just voulait que la fête des fleurs fût célébrée chaque année avec la plus grande solennité. Tous les députés de la Convention, Robespierre en tête, portaient un bouquet de fleurs à la boutonnière, quand ils traversèrent Paris le jour de la fête de l'Être suprême.

Sous le Consulat et sous l'Empire, on cultiva les fleurs. Le Réséda fut longtemps à la mode; puis vint l'Hortensia. Je ne puis voir une de ces grosses boules sans grâce, qui ont l'air si contentes d'elles-mêmes, sans me rappeler la femme endimanchée de quelque vieux soldat de la République, devenu général de division ou maréchal.

Après le Réséda et l'Hortensia, je n'ai pas nommé la Violette : les fleurs politiques ne rentrent pas dans notre cadre; mais j'aurais dû parler de la Sensitive : les beautés de l'Empire aimaient assez qu'on les comparât à une Sensitive.

La Restauration protégea beaucoup l'Églantine. De 1820 à 1825, l'Anémone me semble régner. A partir de ce moment jusqu'en 1830, c'est la Tubéreuse. Aujourd'hui la Tubéreuse, complètement abandonnée, en est réduite à se réfugier dans la pommade.

Que dire de la mode des fleurs maintenant! Jamais on ne les a tant aimées, jamais il ne fut plus difficile de saisir les nombreuses royautés qui se succèdent dans l'empire de Flore.

J'aurais bien voulu ne pas employer cette expression, mais qu'on m'en donne une autre.

Aujourd'hui tout le monde a une fleur qu'il essaie de faire prévaloir.

HORTENSIA

SENSITIVE

George Sand pousse le Rhododendron.

Alphonse Karr met en avant le Vergiss-mein-nicht;

De Balzac a inventé le Tussilage.

Victor Hugo se prononce, toutes les fois qu'il en trouve l'occasion, pour l'Asphodèle.

Eugène Sue ne sort pas des fleurs tropicales.

Alexandre Dumas n'a encore fait choix d'aucune fleur : depuis quelque temps cependant on voit poindre l'Aloès dans ses romans.

Auguste Barbier a adressé des vers charmants à la Marguerite.

Brizeux, dans le poème de *Marie*, a fait beaucoup de partisans à la fleur du Genêt.

De là des factions, des partis, des révolutions, des fleurs qui ne passent qu'un moment sur le trône pour faire place à leurs rivales.

Il y a confusion dans les fleurs comme dans les idées, dans les croyances, dans les opinions.

Depuis 1830, j'ai vu régner successivement la Bruyère, la Clématite, le Lilas, la Marguerite, et mille autres encore que je pourrais citer.

Je n'ai fait que passer, elles n'étaient déjà plus.

Et remarquez comme le règne de chacune de ces fleurs correspond à une des phases de la société, pendant les seize dernières années qui viennent de s'écouler.

Vous souvient-il encore du temps où l'on était sentimental à la manière des poètes du Nord, où il était de mode de relire *Werther* et d'admirer *Novalis?* Phase bruyère.

La phase clématite lui succéda, puis vint la phase lilas. On n'aimait alors que les tableaux champêtres, les scènes de la vie rustique; *Valentine* venait de les mettre à la mode. La phase lilas et la phase marguerite durèrent peu. Maintenant, nous voici à la phase...

Je serais, ma foi, bien embarrassé de dire quelle phase. Nous nageons en plein éclectisme; chacun se fait des dieux et les adore, chacun choisit ses fleurs.

Leur règne ne dure plus une saison, un mois, une semaine, un jour, mais une soirée, le temps d'un bal.

Il y a huit jours, le Magnolia était très à la mode. Je ne saurais vous dire le nom des fleurs qui ont régné depuis cette époque jusqu'à aujourd'hui.

Hier, c'était le Seringua; demain ce sera l'Hépatite. Le Jasmin, le Chèvrefeuille, la Citronnelle, l'Aubépine, la Rose trémière, et jusqu'à la Giroflée, ont eu leur tour.

Comment se reconnaître au milieu de ce pêle-mêle, et découvrir au milieu des fleurs la situation de nos contemporains?

Ceci est bien moins difficile qu'on le pense.

N'y a-t-il pas deux fleurs depuis seize ans qui, battues en brèche, critiquées, attaquées, abandonnées même quelquefois, n'en ont pas moins acquis une position à l'abri des commotions et des orages?

Cherchez quelles sont ces fleurs.

CACTUS

Vous les trouverez de préférence dans les jardins des amateurs, parmi les cheveux, sur le corsage des femmes. Elles ornent les plus beaux vases; pour elles les expositions brillantes, les concours, les médailles d'or.

Ces deux fleurs sont étrangères : et n'est-ce pas un des caractères principaux de notre époque de n'aimer que les choses qui arrivent de l'étranger? Grands seigneurs, financiers, bourgeois, dans toutes les classes de la société, le suprême bon ton est d'imiter ce qui nous vient des autres peuples. La mode est anglaise, la musique est italienne, la littérature est allemande. Ne nous étonnons pas de voir les fleurs françaises mises pour ainsi dire au ban du monde fashionable. Nous vous avons raconté les infortunes de la Rose : le Réséda, le Lis, l'Œillet, ces fleurs nationales par excellence, sont complètement délaissées. C'est à peine si, de loin en loin, on voit quelque provincial se hasarder sur le boulevard avec une Rose ou un Œillet à la boutonnière. En revanche, les dandys arborent de gigantesques Cactus; les femmes admettent encore quelquefois les Violettes, mais il faut qu'elles soient de Parme, le Jasmin parce qu'il est espagnol, et la Bruyère parce qu'elle rappelle l'Écosse. L'une des deux fleurs régnantes a l'embonpoint du Hollandais, l'autre l'allure prétentieuse et guindée, la beauté fade de l'Anglaise.

Elles sont sans physionomie, parce que leur

physionomie ne varie jamais ou varie trop.
L'une surtout est un vivant symbole de notre
temps. Elle affecte toutes les couleurs, toutes
les nuances, elle est d'une fécondité prodi-
gieuse, mais en somme c'est toujours la même
plante stérile à force d'abondance, monotone
par trop de variété. N'est-ce pas là le dix-neu-
vième siècle, fécond en changements, en révolutions, dépourvu au fond de physionomie et
d'originalité? Les deux fleurs dont nous par-
lons se font regarder un moment avec plaisir;
mais bientôt elles fatiguent l'œil, parce qu'elles
n'ont pas de parfum et ne sont que belles.

Ces fleurs sont sans parfum, est-il besoin
que je les nomme? N'avez-vous pas reconnu le
Dahlia et le Camélia?

Nous avions donc bien raison de dire au
commencement de cette digression : les fleurs
sont l'expression de la société.

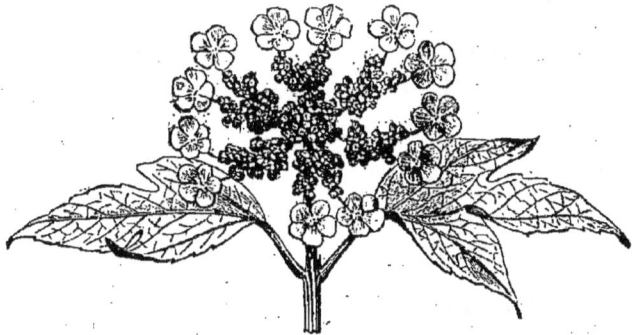

Inflorescence de l'Hortensia simple

MUSETTE

—

L'AUBÉPINE

———

J'AI demandé à l'Aubépine pourquoi je l'aimais tant.

Pourquoi la Rose, pleine des larmes de la rosée, pourquoi le Lis, incliné sur sa tige, pourquoi la Tulipe radieuse et la Grenade éclatante me paraissaient moins belles.

Pourquoi je préférais son parfum, au parfum de la Violette, de la Vanille, de la Citronnelle, et pourquoi sa vue me faisait battre le cœur.

J'ai cueilli la Pervenche au bord des ravins, la Marguerite dans les prés, le Thym, au penchant des collines ; Pervenches, Marguerites, Thym, pourquoi, ô blanche Aubépine, ai-je toujours tout quitté pour une de tes branches ?

L'Aubépine m'a répondu :

— N'as-tu pas dans tes souvenirs un souvenir devant qui tous les autres s'effacent ?

Quand tu évoques les chers fantômes de ton

cœur, n'en est-il pas un dont l'ombre te paraît plus chère, le sourire plus doux ?

Ce fantôme, c'est celle que tu aimâs à quinze ans, c'est l'enfant naïve qui t'attendait le soir sous les marronniers, avec ses cheveux noués, sa longue robe blanche, sa pâleur et ses yeux bleus pleins de tendresse ; c'est celle qui devait être ta femme sur la terre, et qui est ton bon ange dans le ciel.

J'étais là quand tu lui dis : Je t'aime. Je vous écoutais, et je fis pleuvoir sur votre premier baiser la rosée odorante de mes feuilles.

J'ai entendu vos jeunes serments, j'ai vu vos chastes caresses.

La première fleur dont elle se para, c'était ma fleur, la fleur de l'Aubépine. Je m'étais inclinée exprès sur son front, et tu me cueillis.

Je mêlais mon haleine à votre haleine, je parfumais vos innocents entretiens.

En me voyant, tu te souviens, et tu me préfères à mes sœurs, parce que je suis l'Aubépine, la fleur des premières amours.

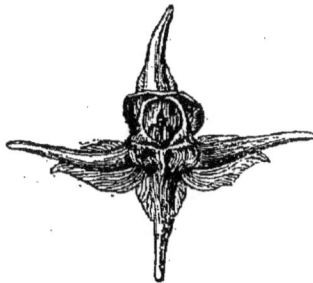

Fleur d'*Epimedium alpinum*.

CIGUË

HISTOIRE DE LA CIGUË

I

INTRODUCTION

Lors de la révolte et du départ de ses sujettes, celle que la Fée aux Fleurs regretta la moins fut la Ciguë.

A quoi lui servait en effet cette fleur triste et solitaire, toujours pelotonnée dans des recoins obscurs, sinistre, refrognée, se cachant comme pour méditer un crime ?

Une fois sur la terre elle ne s'occupa guère de la surveiller, en quoi elle eut grand tort, comme on pourra s'en convaincre par la lecture suivante.

II

ATHÈNES

Entrez dans cette maison basse située près du port. Aucune guirlande ne la décore ; il n'y a point sur le seuil de dieu lare qui la protège.

13.

C'est une femme qui habite cette maison; une femme de Thrace, qu'on appelle Xanthis.

Elle passe pour se livrer à des pratiques qui appellent la colère des dieux sur la tête de ceux qui y croient, et cependant les magistrats la tolèrent.

Quand la Nuit, fille de l'Érèbe, commence à répandre son voile noir sur la terre, on voit des ombres se glisser furtivement sous son toit.

Elle vend des philtres et des poisons qui livrent l'innocence sans défense au riche libertin, et qui débarrassent l'héritier impatient d'un vieillard dont la trop longue vie l'importune.

Si vous entrez à minuit dans la demeure de Xanthis, vous la verrez broyant elle-même ses poisons ; elle évoquera les sombres divinités devant vous, elle vous apprendra l'avenir, et vous révélera les secrets de la vie et de la mort.

III

ROME

Voyez ces cadavres qui se tordent dans les convulsions de l'agonie. Leur bouche contractée, leurs doigts crispés, leur teint semé de taches livides, indiquent qu'ils ont succombé à un mal terrible.

Un affranchi s'avance et ordonne qu'on porte

au Tibre ces cadavres. Demain le fleuve les rejettera sur ses bords, et le peuple romain dira demain en les regardant : Locuste a essayé cette nuit ses poisons.

IV

PARIS

La foule se rue sur les quais, le peuple se précipite vers la place de Grève, l'échafaud est dressé depuis ce matin.

Qui va mourir ?

Voici la charrette qui s'avance entourée d'archers, le peuple crie, le peuple hurle, le peuple grince des dents ; il jette des pierres, et, à défaut de pierres, de la boue sur la victime.

Et pourtant cette victime est une femme.

Ses traits sont nobles et réguliers, ses longs cheveux flottent sur ses épaules nues, un air de dédain passe sur sa physionomie quand elle regarde la foule.

Un prêtre lui présente de temps en temps un crucifix qu'elle baise.

La voilà au pied de l'échafaud.

Elle gravit l'escalier en chancelant, elle pâlit, un tremblement convulsif serre ses lèvres. Elle a peur !

Quatre valets robustes la prennent dans leurs

bras; elle est sur la plate-forme; on la montre au peuple ; le peuple applaudit.

Quel crime a donc commis cette femme, qu'elle n'excite pas la pitié en un pareil moment ?

On vient de l'attacher au billot ; le bourreau a saisi sa hache. La tête est tombée avant que le peuple ait eu le temps de crier une seconde fois : Mort, mort à la Brinvilliers !

V

LE MÊME COEUR DANS TROIS FEMMES

Xanthis de Thrace, Locuste la Romaine, Brinvilliers la Parisienne, ne sont qu'une seule et même femme : c'est la Ciguë qui a successivement animé ces trois corps.

La négligence de la Fée aux Fleurs lui a permis d'exercer plusieurs fois son affreux métier. Depuis la mort de la Brinvilliers, la Ciguë est entrée dans d'autres corps.

Nous voyons surgir de temps en temps quelques empoisonneuses qui indiquent clairement la présence de la Ciguë sur la terre.

Nous pétitionnons auprès de la Fée aux Fleurs pour qu'elle la rappelle dans son royaume, et la place pour l'éternité sous la surveillance de la haute police.

LIN

LE LIN

Avant de garnir nos quenouilles, le Lin est une jolie fleur ; on dit qu'elle a vécu sur la terre sous les traits d'une belle fileuse. Chantons, jeunes filles, chantons le Lin.

Le Lin, c'est la fleur du travail, la fleur mère des doux rêves et des bonnes pensées.

Vous connaissez l'histoire de Marguerite, celle que le démon tenta. Quand elle faisait aller son rouet, l'ennemi des âmes n'osait s'approcher d'elle.

Le jour, quand nous gardons nos troupeaux, le Lin, notre ami fidèle, nous préserve de l'ennui : il tourne gaiement entre nos doigts, et mêle son doux bruit à nos chansons. Aimons le Lin, jeunes filles, aimons le Lin.

Les contes de la veillée nous paraissent plus amusants quand le bruit de la petite roue les accompagne.

C'est en filant le Lin que ma mère m'a bercée et m'a appris à bégayer mes premières chansons.

Ma vieille grand'mère se sent encore joyeuse, et chante quelquefois en remuant la tête, lorsqu'elle prend sa quenouille.

Comme le tisserand fait aller joyeusement sa navette sur son métier ! Il est blond comme le Lin qui compose sa trame. Le tisserand est le roi des ouvriers ; il doit faire bon ménage avec la fileuse. Ma mère, je veux épouser un tisserand.

C'est avec le Lin qu'on tissera mon voile de fiancée, le Lin le plus blanc et le plus pur.

En quoi sera le suaire dans lequel on m'ensevelira quand je serai morte ? Filons, jeunes filles, filons le Lin.

Rosier.

LE DERNIER CACIQUE

I

LES RICOCHETS

Vers le milieu du siècle dernier, la ville de Mexico s'ennuyait beaucoup. Depuis la mort de Havradi, le fameux toréador, les courses de taureaux étaient sans charme pour le public ; la pluie empêchait toutes les processions : les vents avaient retardé l'arrivée de la flotte d'Europe. Les habitants déclamaient contre l'incurie des autorités, qui ne cherchaient pas les moyens de les distraire. Le gouverneur don Alvarez Mendoça y Palenzuela en était venu à redouter une émeute.

Un jour qu'il s'était levé de plus mauvaise humeur que de coutume, il songea qu'il était temps de s'occuper des affaires d'État, et ordonna qu'on fît venir le commandant de la force armée, l'illustre don Gonzalve de Saboya, qui prétendait descendre, comme tous les officiers espagnols, de Gonzalve de Cordoue.

Le gouverneur avait son projet : il s'était dit que, depuis longtemps, la ville de Mexico n'avait pas eu d'autodafé, qu'un pareil spectacle aurait le double avantage de faire cesser les murmures de ses administrés, et de le mettre bien avec l'Inquisition, qui l'accusait sourdement de tiédeur.

Au bout d'un quart d'heure, le commandant don Gonzalve de Saboya se présenta.

Le gouverneur le reçut dans la salle d'audience, couché dans un hamac et fumant une cigarette. C'était son attitude ordinaire quand il traitait les hautes questions de gouvernement

Don Alvarez Mendoça y Palenzuela y Arnam daigna prendre la parole le premier.

— Je ne veux point, seigneur don Gonzalve, abuser de vos moments, j'irai droit au fait : le gouvernement est fort mécontent de vous.

Don Gonzalve devint pâle.

— Comment ai-je pu mériter ses reproches ? demanda-t-il. Je m'acquitte avec zèle des devoirs de ma charge, j'ai fait pendre huit voleurs l'autre jour; on n'assassine plus dans les rues que passé huit heures du soir : grâce à ma vigilance, ces damnés bohémiens ont été expulsés de la ville. Peut-on désirer quelque chose de plus ?

— Non, reprit le gouverneur; au point de vue du vol et de l'assassinat, vous êtes irréprochable; mais pourquoi faut-il que vous fassiez preuve d'une indulgence si coupable à l'endroit du Soleil ?

— M'accuserait-on d'entretenir des rapports séditieux avec cet astre ?

— On vous accuse de fermer les yeux sur les menées de ses adorateurs. L'Inquisition est informée que plusieurs caciques se réunissent dans la campagne, pour adresser des prières au Soleil et lui sacrifier des victimes humaines. Votre police doit être instruite de ces sacrilèges. Il faut, à tout prix, y mettre un terme. L'inquisition exige un autodafé. Mettez-vous en campagne, et ramenez-nous à tout prix un cacique vivant ; sinon je me verrai forcé de vous destituer, et l'on pourrait bien vous faire votre procès comme fauteur d'hérésie.

Après quoi, le gouverneur congédia le commandant, et sonna pour mettre sa perruque.

II

PREMIER RICOCHET

— C'en est fait, s'écria le commandant en rentrant chez lui, je suis destitué. Comment me tirer de là ? Réfléchissons, et voyons s'il n'y aurait pas moyen de m'emparer du cacique demandé, et de garder ma place.

Le colonel jeta son chapeau à plumes sur une chaise, défit son ceinturon et frisa ses moustaches : c'était sa manière habituelle de réfléchir. Or, comme il avait plus de moustaches que d'imagination, tout fait présumer qu'il aurait longtemps tortillé ses crocs sans rien trouver pour sortir d'affaire, si la Providence ne lui eût envoyé le capitaine Cristobal.

En l'apercevant, Don Gonzalve bondit.

— Capitaine ! s'écria-t-il enflammé de colère.

— Commandant, répondit Cristobal en reculant d'un pas.

— J'en apprends de belles sur votre compte.

— Comment de belles !

— Les caciques insoumis immolent des chrétiens au Soleil à la barbe de l'Inquisition, et vous laissez faire.

— J'ignorais...

— Taisez-vous ! n'aggravez pas votre situation, vous étiez instruit. Le grand inquisiteur me l'a dit ; mais, à ma considération, il veut bien user d'indulgence pour cette fois. Vous pouvez encore sauver votre tête.

— Que faire ?

— Vous emparer d'un de ces caciques dans les vingt-quatre heures. On veut faire un auto-dafé. Partez et ne revenez pas sans cacique. Vous m'entendez.

III

DEUXIÈME RICOCHET

Une fois dans sa chambre, le capitaine Cristobal s'approcha de son miroir, pour voir si sa tête était encore sur ses épaules. Il savait qu'il ne faut pas badiner avec l'Inquisition. Sa préoccupation était telle, qu'il ne s'était point aperçu de la présence du sergent Trifon, qui, selon son habitude, était venu chercher le mot d'ordre.

Le sergent fit trois fois : Broum! broum! broum! A la troisième, le capitaine leva la tête.

— Que veux-tu ?

— Capitaine, le mot d'ordre.

— Gredins de caciques !

Le capitaine se parlait à lui-même. Le sergent prit ces paroles au sérieux.

— Voilà tout de même un drôle de mot d'ordre, se dit-il ; je voudrais bien savoir ce que les caciques ont fait à mon capitaine pour qu'il les traite ainsi. Ce sont de bonnes gens cependant.

— Tu connais des caciques ? s'écria Cristobal, qui avait entendu ces dernières paroles de son subordonné.

— J'en connais un, répondit le sergent.

— Il se nomme ?

— Tumilco. Pas plus tard qu'hier, nous avons bu une bouteille de Porto ensemble. C'est un brave homme, et pas fier, quoique descendant en droite ligne de Montézuma.

— Sergent Trifon, reprit Cristobal d'une voix solennelle, vous entretenez des relations avec des idolâtres, avec des gens qui adorent le Soleil. Seriez-vous par hasard infecté de cette hérésie ?

— Si c'est être infecté d'hérésie que de boire un coup avec un ami qui vient à Mexico se défaire du produit de sa chasse, j'avoue que je sens furieusement le roussi.

— Ne riez pas, sergent Trifon, la chose est plus grave que vous n'avez l'air de le croire. Depuis longtemps, l'Inquisition a les yeux fixés sur vous. On aurait pu vous faire saisir et conduire derrière l'Alaméda, près d'un certain mur où une dizaine de balles auraient fait justice d'un traître et d'un apostat ; mais j'ai intercédé pour vous. On consent à vous laisser la vie, mais à une condition.

— Laquelle ? demanda Trifon en tremblant.

— C'est que, dès ce soir, le cacique Tumilco sera sous les verrous du Saint-Office. Prenez quatre hommes et un caporal et emparez-vous de lui.

— Mais, capitaine, songez que hier encore nos verres se sont choqués.

— Soit ! ce scrupule vous honore ; un autre prendra Tumilco ! mais apprêtez-vous à aller faire ce soir une petite promenade forcée à l'endroit dont je vous ai parlé.

— J'obéirai, capitaine, j'obéirai, répondit Trifon en soupirant. Pauvre Tumilco !

Le capitaine courut apprendre cette heureuse nouvelle au commandant, qui s'empressa d'aller lui-même la transmettre au gouverneur, lequel en fit part immédiatement à la Grenadilla.

IV

GRENADILLA

Après le toréador dont on pleurait la mort, après les processions, après les courses de taureaux, après les arrivages de la flotte d'Espagne, ce que les habitants de Mexico aimaient le mieux ; c'était la danseuse Grenadilla.

Seigneurs, bourgeois, matelots, soldats, tout le monde la connaissait, tout le monde l'admirait, tout le monde la respectait, et pourtant ce n'était qu'une pauvre danseuse des rues, une fille du peuple qui ne connaissait même pas sa famille, une bohémienne, une saltimbanque. Mais quand cette bohémienne, cette saltimbanque, se mettait à danser le fandango, il n'y a pas de duchesse qui eût l'air plus noble, la taille plus souple, les gestes plus fiers et plus gracieux que la Grenadilla.

Dès qu'elle paraissait, son tambour de basque ou ses castagnettes à la main, la foule s'amassait autour d'elle ; on faisait cercle, on se disputait une place pour la voir danser. Le directeur du théâtre avait voulu l'engager, mais sans succès. La Grenadilla ne voulait pas être autre chose que la danseuse du peuple, aussi le peuple l'adorait. Malheur à celui qui eût osé toucher seulement un cheveu de la Grenadilla !

Le gouverneur faisait souvent venir la Grenadilla dans ses appartements. Il était grand amateur de fandango, et fort enthousiaste du talent de la danseuse. Plusieurs affirmaient même qu'il n'était pas insensible à ses charmes, mais que Grenadilla se moquait de lui.

Ce qu'il y a de sûr, c'est qu'après le départ du commandant, la Grenadilla était venue, selon sa coutume, danser sur la place du palais, un estafier du gouverneur vint lui dire que Son Excellence l'attendait. Après le fandango, il lui apprit qu'un autodafé aurait lieu prochainement à Mexico ; Grenadilla répandit cette nouvelle dans la ville. Le soir, le peuple se rendit en masse sous les fenêtres du palais, et fit retentir l'air de ses acclamations en l'honneur du gouverneur.

Don Alvarez Mendoça y Palenzuela y Arnam s'endormit en se disant qu'il était vraiment né pour le gouvernement et la politique.

V

LE DESCENDANT DE MONTÉZUMA

Pendant que toutes ces choses se passaient, le cacique Tumilco dînait tranquillement à la posada de la petite place San-Esteban.

Il était arrivé au dessert, et il demandait une seconde bouteille de vin.

Le cacique Tumilco avait de bonnes raisons d'être content : il s'était défait fort avantageusement de toutes ses marchandises, et il emportait le produit de sa vente en bons doublons à l'effigie du roi d'Espagne.

Le sergent Trifon entra comme l'hôte mettait la bouteille de vin demandée sur la table de Tumilco.

— C'est vous, sergent ? dit le cacique.

— Moi-même.

— Vous arrivez fort à propos pour m'aider à vider cette bouteille. Mettez-vous là.

— Impossible.

— Comment, impossible ! Je vous dis que vous boirez.

— Pas cette fois du moins. Il m'est défendu de boire.

— Alors que venez-vous faire ?

— Hélas !

— Parlez.

— Je viens vous arrêter.

— Le seigneur Trifon est plaisant aujourd'hui.

— Il ne plaisante guère. Regardez.

Il montra au cacique la porte de la posada cernée par son escouade. Il lui fit signe d'entrer.

— Emparez-vous de monsieur, dit-il en montrant le cacique.

Cette fois, Tumilco comprit qu'il s'agissait d'une affaire sérieuse, et il pâlit légèrement. Il avait eu, dans sa vie, quelques démêlés avec le fisc, et, pour être vrais, nous devons dire que sur ce point, sa conscience lui reprochait quelque chose en ce moment. Le descendant de Montézuma se mêlait, peut-être, un peu plus de contrebande qu'il ne convenait à sa noble origine.

Il fit cependant contre fortune bon cœur.

— Et de quoi m'accuse-t-on ? demanda-t-il au sergent.

— C'est l'affaire du grand inquisiteur ; vous vous en expliquerez avec lui.

— Du grand inquisiteur ! s'écria Tumilco au comble de l'effroi ; il ne s'agit donc pas de contrebande ?

— Il s'agit du Soleil. Il paraît que vous persistez à vouloir adorer cet astre, fort incommode par la chaleur qu'il fait aujourd'hui ; mais je vous connais trop pour croire à cette calomnie, vous n'aurez pas de peine à prouver votre innocence. En attendant, suivez-moi.

— Où me conduisez-vous?

— Dans les cachots de la très Sainte Inquisition.

VI

LE PROCÈS

Une fois entre les mains du Saint-Office, le procès de Tumilco fut bientôt fait.

On le tint pendant un mois dans un cachot, loin de toute société, privé de la lumière du ciel, avec du pain noir pour nourriture et de l'eau.

Au bout de ce temps, on le fit venir devant ses juges.

Le président prit la parole pour l'interroger.

— Comment t'appelles-tu?

— Tumilco.

— Ton état?

— Cacique.

— Récite-nous un *Pater* et un *Ave*.

Tumilco ne connaissait ni *Pater*, ni *Ave*, ni aucune espèce de prière.

Il garda le silence.

Les membres du tribunal se regardèrent, les uns les autres, comme pour se dire : Voyez, nous ne nous étions pas trompés ; c'est un mécréant, un hérétique.

Le président recueillit les voix.

Tumilco fut condamné à être brûlé vif, sur la place publique de Mexico, la tête couverte d'un bonnet orné de diables rouges et le corps enveloppé dans un sac.

Les gardiens firent redescendre Tumilco dans son cachot; le lendemain on le mit en chapelle.

VII

L'AUTODAFÉ

Cependant les Mexicains s'impatientaient.

On se demandait de toutes parts : A quand l'autodafé? Est-ce pour demain, ou aprèsdemain? Est-il convenable et juste de faire attendre si longtemps pour brûler un méchant petit hérétique? C'est montrer bien peu de zèle pour les intérêts de la religion et de respect pour les bons catholiques. »

On répétait tous ces propos au gouverneur, qui répondait :

— Cela ne me regarde pas : il est entre les mains de l'Inquisition, qu'elle en fasse ce qu'elle voudra.

Le fait est que le gouverneur, épris plus que jamais des attraits de la Grenadilla, aurait peutêtre adoré le Soleil pour lui plaire; mais Grenadilla n'était pas capable d'exiger une telle énormité.

Un beau jour, enfin, les habitants de Mexico virent se dresser, sur la place publique, le bûcher si impatiemment attendu.

Les cloches sonnaient à toute volée, les confréries de pénitents, bannières en tête, se rendaient chez le grand inquisiteur pour lui faire cortège; une estrade lui avait été réservée, sur la place publique, en face du bûcher.

L'exécution devait avoir lieu à deux heures.

Bien avant, dans la matinée, la foule avait envahi la place; on voyait des têtes aux fenêtres, des têtes sur les arbres, des têtes sur les toits.

Cette multitude gesticulait, parlait, appelait le patient à grands cris.

Enfin, à l'extrémité de la place, on vit paraître le cortège : d'abord le clergé, puis les pénitents; à la fin, le patient au milieu des archers de la Sainte-Hermandad.

Ce fut un moment de calme et de solennelle attente.

Il faut vous dire que, ce jour-là, le gouverneur avait ordonné qu'on fît entrer Grenadilla, par l'escalier secret du palais. Il voulait que, cachée derrière une jalousie, elle pût jouir de tous les agréments de la fête, sans être incommodée par le soleil, la poussière et la foule.

Grenadilla était trop bonne Mexicaine pour refuser sa part d'un autodafé : aussi s'empressat-elle d'accepter l'invitation, et de se rendre au poste qui lui était assigné.

Notre impartialité d'historien nous fait un devoir de convenir que le gouverneur se tenait à côté d'elle, et lui adressait une foule de galan-

teries auxquelles la danseuse semblait ne pas
faire grande attention, et qu'elle recevait en
femme qui a l'habitude de semblables compliments.

— Cruelle! lui disait le gouverneur.

Grenadilla riait.

— Ingrate!

Elle riait de plus belle.

— Tigresse d'Hyrcanie.

Le rire continuait.

— Mais enfin, que vous faut-il? Ma puissance,
mes trésors, je mets tout à vos pieds. Que
demandez-vous? parlez!

Si à cette époque-là on eût connu la fameuse
romance :

> La fortune
> Importune
> Me paraît
> Sans attrait, etc., etc.,

c'est avec ce refrain que Grenadilla lui eût
répondu. Néanmoins, il est à supposer qu'elle
avait trouvé l'équivalent.

Cette fois, le vice-roi avait employé les mêmes
effets d'éloquence, et suivi la même progression.

— Cruelle, ingrate, tigresse d'Hyrcanie, que
demandez-vous? parlez!

Grenadilla se retourna vivement et répondit
en montrant Tumilco qui venait de monter sur
le bûcher.

— La vie de cet homme.

VIII

LE GOUVERNEUR DANS L'EMBARRAS

— Oh! pour ceci, ma chère, s'écria-t-il, c'est impossible! Mexico me lapiderait; et puis, cela regarde le grand inquisiteur.

— Alors, reprit Grenadilla avec véhémence, laissez-moi partir, je ne veux pas être témoin d'un pareil spectacle. Adieu, vous ne me reverrez de ma vie!

Elle voulut partir, le gouverneur la retint.

— Songez donc qu'il y va de ma place.

— Et moi de mon bonheur.

— Mais quel intérêt si vif prenez-vous à cet homme?

— Vous le saurez quand vous l'aurez sauvé.

— Je perdrai ma place.

— Ou moi. Choisissez.

Jamais le gouverneur ne fut aussi perplexe. A la fin, il s'écria :

— Il me vient une idée. Qu'on fasse surseoir à l'exécution, et qu'on m'amène le cacique.

Il donna des ordres en conséquence. Il était temps; on allait mettre le feu au bûcher.

IX

UNE CONVERSION

On amena le cacique, chargé de chaînes, devant le gouverneur. Comme le temps pressait, celui-ci entra brusquement en matière.

— Cacique, dit-il à Tumilco, tenez-vous énormément à adorer le Soleil.

Tumilco, étonné, le regarda sans répondre.

— Consentiriez-vous à ne plus lui immoler de victimes humaines et à recevoir le baptême?

— A quoi bon, puisque je vais mourir.

— Mais si l'on vous fait grâce?

— Alors, c'est bien différent.

Cette réponse laconique parut suffisante au gouverneur; il prit une plume et écrivit au grand inquisiteur :

« Notre sainte religion peut faire une grande conquête; Tumilco aspire à s'abreuver aux sources de la vraie foi. Sa conversion serait d'un bon exemple. Ce néophyte vous ferait honneur. Je demande sa grâce. »

Le grand inquisiteur était sur la place publique, fort incommodé de la chaleur; de plus, il n'avait jamais converti de cacique. L'idée d'en amener un dans le giron de l'Église lui sourit. Il écrivit au bas de la lettre : « Accordé. »

— Je triomphe, dit le gouverneur, tout le monde sera content.

Une immense clameur vint le troubler au milieu de sa joie.

C'était le peuple qui murmurait et demandait à grands cris qu'on commençât l'exécution.

— Diable ! diable ! murmura Son Excellence ? je ne songeais pas au peuple. Comment l'apaiser ?

X

COMMENT ON APAISE LE PEUPLE

Comme le bruit augmentait sans cesse, et qu'on ramassait des pierres pour briser les vitres de son hôtel, le gouverneur parut au balcon pour haranguer la multitude.

— Senores, s'écria-t-il, la divine Providence a fait un miracle. Les yeux de Tumilco se sont ouverts à la lumière ; il veut devenir chrétien. Nous lui avons fait grâce.

De sourds murmures couvrirent la voix de l'orateur ; il se hâta de poursuivre :

— Mais vous ne perdrez rien pour attendre. Le baptême du cacique Tumilco aura lieu dès demain. Pour célébrer ce grand événement, il y aura procession générale et course de taureaux.

Entre l'autodafé et le baptême, le peuple hésita un moment ; puis il se décida à accepter la com-

pensation qui lui était offerte. Mille cris de joie
témoignèrent de la satisfaction générale.

Aussitôt le gouverneur rentra pour jouir de
sa victoire et des remercîments de Grenadilla;
mais elle n'était plus là. C'est en vain qu'il la
fit chercher dans tout le palais. Personne ne put
lui donner de ses nouvelles.

XI

INTERMÈDE

Le lecteur s'est sans doute imaginé que
Grenadilla, fière et belle comme la fleur dont
elle porte le nom, a néanmoins un penchant
secret pour le cacique, jeune et beau sauvage
de vingt ans. Les lois du roman le voudraient
ainsi, mais la vérité a ses droits qu'il nous faut
respecter. Tumilco est laid, vieux, cassé et si
Grenadilla l'aime, comme le chapitre précédent
nous en fournit la preuve, c'est que le cacique
a pris soin de son enfance; c'est que, pauvre
enfant abandonnée, elle fut recueillie par lui,
et protégée jusqu'au jour où il fut obligé de
s'expatrier pour des raisons qu'il serait trop
long de rapporter ici.

Grenadilla venait de s'acquitter envers Tumilco en lui sauvant la vie.

Satisfaite d'avoir rempli son devoir, elle
partit le soir même pour l'Europe. C'était le

seul moyen de se soustraire aux poursuites du gouverneur.

Après trois mois de traversée, le vaisseau qui la portait fit naufrage. Le corps de Grenadilla fut porté par la vague sur le rivage d'Espagne.

La Fée aux Fleurs, qui se trouvait en ce moment dans ces parages pour surveiller le Jasmin, recueillit le corps de Grenadilla, et permit qu'on élevât, à l'endroit où elle l'avait trouvé, un magnifique bosquet de Grenadiers dont les fleurs et les fruits réjouissent la vue, comme Grenadilla la récréait autrefois par sa beauté et ses talents.

XII

POUR EN REVENIR AU CACIQUE

Une fois baptisé sous le nom d'Esteban, il se fixa à Mexico, où il vécut d'une pension modique que lui faisait le gouvernement en qualité de descendant de Montézuma.

Des doutes s'étaient élevés plusieurs fois sur la sincérité de sa conversion, et on songeait à le faire passer de nouveau devant le Saint-Office, lorsqu'il tomba gravement malade. Il demanda à voir un médecin : ses voisins, plus charitables, lui envoyèrent un prêtre.

— Frère Esteban, lui dit le prêtre, le moment est venu de recommander votre âme à Dieu.

— Je ne m'appelle pas Esteban, dit le cacique, on me nomme Tumilco. Allez-vous-en.

— Songez à Dieu, mon frère.

— Ton Dieu n'est pas le mien, reprit Tumilco; qu'on ouvre les fenêtres.

On obéit à ce désir. Le Soleil à son déclin brillait encore à l'horizon.

— Voilà mon Dieu, s'écria le cacique, c'est celui de mes pères. Soleil, reçois ton enfant dans ton sein!

Le prêtre se cacha les yeux avec la main, fit le signe de la croix et murmura : *Vade retro, Satanas !*

Tumilco était mort.

— Vous empêcheriez plutôt le Tournesol de suivre la marche du soleil que ces hérétiques de revenir au culte de leur astre. Voilà ce qu'on a gagné à ne pas le brûler.

Le voisin charitable qui prononçait cette oraison funèbre ne se doutait pas que Tumilco le cacique n'était autre chose que l'incarnation du Tournesol. En adorant le soleil, il ne faisait que suivre la loi de la nature.

PAVOT.

NOCTURNE

—

LE PAVOT

———

J'ÉTAIS autrefois la fleur du sommeil; mais le sommeil ne suffit plus à l'homme pour oublier ses maux.

L'homme ne veut plus dormir, il faut qu'il rêve. J'étais l'oubli, je suis devenue l'illusion.

Il m'a frappée au cœur, il a bu le sang qui coulait de ma blessure.

Hélas! pour moi, depuis ce jour, plus de tranquillité, plus de bonheur, plus de joie!

Dès que ma tige s'élève un peu au-dessus de la terre, le fer s'approche de moi, on me perce le sein, d'où s'échappe la liqueur qui donne des visions, ces longues ivresses de la tête et du cœur.

Dès que l'homme m'a approchée de ses lèvres, son âme prend des ailes; elle quitte la terre.

Elle retourne vers le passé ou s'élève vers l'avenir.

Elle plane sur le souvenir ou sur l'espérance.

Où est le temps où je me promenais, le soir, dans l'espace, laissant tomber ma graine innocente sur le front des humains ?

J'appelais auprès de moi le doux sommeil, fils du travail, père des rêves paisibles.

A la mère endormie, je montrais son nouveau-né frais et souriant ; à l'orphelin, je faisais voir sa mère doucement inclinée sur ses lèvres, pour lui donner sa bénédiction dans un baiser.

Ma vie s'écoulait heureuse et paisible, courte et radieuse, comme le printemps.

Quel génie malfaisant a révélé, à l'homme, l'existence du philtre renfermé dans mon sein, de ce philtre qui est la cause funeste de ma mort ?

Mais pourquoi me plaindre ?

Je suis semblable au poète : les hommes lui doivent leurs plus douces jouissances, leurs plus charmantes illusions, et il est leur première victime.

FLEUR D'ORANGER

EPITHALAME

—

LA FLEUR D'ORANGER

———

Tes compagnes, ô jeune fille! ont cherché, ce matin, dans la campagne humide de rosée, une fleur pour former ta parure virginale.

Tu vas nous quitter pour suivre celui que tu aimes; tu ne partageras plus nos danses et nos jeux.

Accepte cette Fleur d'Oranger; c'est son doux parfum qui nous a conduites vers elle.

Nous nous sommes approchées de l'arbre, et la Fleur d'Oranger nous a dit :

— Vous cherchez un bouquet pour orner le sein d'une fiancée, cueillez-moi.

Je suis blanche comme elle, douce comme elle; semblable à la chasteté, mon parfum dure longtemps encore après qu'on m'a cueillie.

— Fleur des fiancées, lui avons-nous demandé,

pourquoi portes-tu des fruits sur ta branche?

Elle nous a répondu :

— Je suis l'emblème de la mariée; amante encore, elle est mère; la femme vit auprès de ses enfants, la fleur à côté du fruit.

Alors nous l'avons cueillie.

Partage cette branche d'Oranger, jeune fille; mets-en la moitié dans tes cheveux, l'autre moitié sur ton sein. C'est le dernier don de tes chères compagnes.

Ce soir nous te conduirons à l'église, et ta mère, en t'embrassant, fermera derrière toi la porte de la maison de l'époux.

Conserve notre guirlande et notre bouquet, jeune fille; conserve-les bien, et puisses-tu, quand la Fleur d'Oranger sera fanée, ne pas regretter le temps où tu étais blanche comme elle !

Fleur nénuphar.

L'ANE
RECOUVERT DU PALETOT DU LION

I

CE QU'ON DISAIT DANS LE QUARTIER

On disait que Mlle Rose Chardon était une grande et belle fille, marchant la tête haute, un peu vive dans ses reparties, par exemple, mais excellente au fond, quoique fière; quelques-uns même prononçaient vaniteuse.

On disait qu'il ne fallait pas l'approcher de trop près; dans ses yeux brillants, sur le bout de son nez retroussé, on lisait écrit ces paroles: Qui s'y frotte s'y pique.

On disait que personne n'osait lui faire la cour. Sur ce point, le quartier se trompait.

II

LE LION

M. le Marquis Annibal-Astolphe-Tancrède de l'Asnerie aperçut un jour Mlle Chardon qui tra-

vaillait à sa fenêtre par une belle après-midi
d'été. Comme le marquis Annibal-Astolphe
Tancr de de l'Asnerie était fort inflammable, il
s'enflamma. Il jura qu'il se ferait aimer de la
grisette, chose qui, au surplus ne lui semblait
plus devoir être extrêmemt difficile.

III

LE CLERC DE NOTAIRE

Le marquis n'était point le seul qui se fût
aperçu de la beauté de Rose. Lilio, le clerc du
procureur du coin de la grande place, l'avait
remarquée depuis fort longtemps. Un beau
jour il se décida à lui écrire pour lui révéler
son amour. Et il passa et repassa pendant une
heure sous sa fenêtre pour attendre sa réponse.
Le marquis Annibal-Astolphe-Tancrède eut la
même idée le même jour. Il envoya une lettre
et vint lui même chercher la réponse. Il se pro-
mena pendant deux heures sous le balcon, en
faisant hum ! hum ! hum ! C'était un homme
d'expédients, que le marquis.

La vieille portière de Rose s'aperçut de ce ma-
nège : elle fit part de sa découverte au porteur
d'eau, qui la communiqua à la fruitière, laquelle
en parla tout haut chez l'épicier. Au bout de
vingt-quatre heures, tout le quartier sut que
deux hommes faisaient la cour à M\ce Chardon,

la jolie rose Chardon : le marquis Annibal-Astolphe-Tancrède de l'Asnerie et le petit clerc Lilio. C'était bien le plus charmant petit clerc qui fût au monde, un vrai chérubin de clerc, amoureux de toutes les femmes, mais n'en n'aimant qu'une, Rose Chardon, et puis toujours gai, toujours souriant, tendre et enjoué, sentant l'amour, la jeunesse et la santé d'une lieue.

IV

NOUVELLES OPINIONS DU QUARTIER

Quand il fut au fait de la situation des choses, le quartier naturellement se demanda : Qui l'emportera des deux rivaux, du marquis ou du clerc de notaire ?

Deux camps se formèrent; comme toujours, les femmes se divisèrent. Les filles disaient : Ce sera Lilio ! Les vieilles offraient de parier pour Annibal-Astolphe-Tancrède.

— Lilio est beau !

— Annibal-Astolphe-Tancrède est noble.

— Lilio est spirituel ?

— Annibal-Astolphe-Tancrède est riche.

— Lilio la rendra si heureuse !

— Annibal-Astolphe-Tancrède la rendra marquise.

On voit que ces damnées vieilles femmes avaient

une réponse prête à tout. Une pénible incertitude regnait dans tout le quartier, et l'on cherchait à deviner les secrètes intentions de Mlle Rose Chardon.

V

COUP D'OEIL JETÉ AU FOND DU COEUR DES FEMMES

Elle-même les connaissait-elle ?

Qui pourra jamais savoir ce que pense une femme placée entre ses sentiments et ses instincts, entre son cœur et sa fortune ? D'abord, elle dit non à la fortune.

La première fois elle crie très fort, la seconde fort seulement, la troisième à voix haute, la quatrième elle parle comme à l'ordinaire, la cinquième à demi-voix, la sixième à voix basse, puis elle murmure, puis elle se tait. La fortune revient à la charge.

Elle murmure un oui, elle le répète à voix basse, puis à demi-voix, puis d'un ton ordinaire, puis à voix haute, ensuite fort, très fort, excessivement fort.

Voilà comment la femme fait son choix.

La jeunesse, la beauté, l'esprit, les qualités de l'âme et de l'intelligence, tout cela commence par paraître fort beau, mais le luxe, l'éclat, le rang, le titre, ne sont pas à dédaigner

non plus ; on les méprise de loin, la perspec-
tive change dès qu'on peut les atteindre. Le
sacrifice coûte quelques soupirs, il est vrai,
mais le feu des diamants sèche bien vite toutes
les larmes.

La vanité fait taire l'amour, et comment ne
pas être vaine quand on possède les charmes
de Mlle Rose Chardon ?

Aussi les vieilles commères du quartier
avaient-elles bien raison de dire, en voyant un
jour la belle lingère repousser dédaigneu-
sement les galanteries du marquis Annibal-
Astolphe-Tancrède : — Elle a beau faire, elle y
reviendra.

VI

OU LE MARQUIS TRIOMPHE

Elle y vint en effet. — Où donc ? — Chez le
marquis, un soir, à la brune ; on la fit entrer
par la petite porte du parc. Dans la nuit, ils
partirent ensemble pour l'Italie.

Il y a des femmes, et ce ne sont ni les moins
spirituelles ni les moins jolies, que la niaiserie,
la sottise fascinent. Ces deux qualités doivent,
il est vrai, être accompagnées de beaucoup
d'argent. Mlle Chardon était sans doute au
nombre de ces femmes.

Le marquis Annibal-Astolphe-Tancrède,

malgré les criailleries de la branche aînée et de la branche cadette de la noble maison de l'Asnerie, épousa la lingère. Il s'était entiché de sa mésalliance.

VII

UN BEL EXEMPLE DE MODÉRATION

Nous devons dire que les vieilles du quartier n'abusèrent point de leur victoire; elles ne crièrent point par-dessus les toits, et se contentèrent de dire aux jeunes : — Eh bien! qu'en pensez-vous?

VIII

LE DÉSESPOIR D'UN PETIT CLERC

Lilio s'arracha les cheveux, et déclara à son patron qu'il voulait s'engager dans les grenadiers du roi.

Il se disait, en se promenant tout seul dans sa petite chambre : — J'aurais bien mieux fait, puisque je pouvais choisir, de prendre sur la terre la forme féminine; j'aurais mis des fleurs dans mes cheveux, des fleurs à ma ceinture, et l'on m'aurait aimée.

A quoi me sert d'être Lilas frais et parfumé

si on me dédaigne, si les lingères me préfèrent un imbécile, un animal, un âne, comme ce marquis?

Lilio ne connaissait pas la fleur à laquelle il s'était adressé ; il n'aurait pas été si étonné de son choix. Le Chardon a toujours été fait pour les... marquis.

IX

LA MARQUISE

Au bout d'un an de mariage, la marquise de l'Asnerie s'aperçut que son mari était avare, ignorant, grossier, sensuel. Malgré ses titres, le bout de l'oreille du manant perçait toujours.

Un procès qu'on lui intenta prouva, en effet, qu'il n'était point fils de son père ; qu'il n'était qu'un fils de paysan que le marquis de l'Asnerie avait introduit dans sa famille pour fruster ses véritables héritiers.

Mlle Chardon en fit une maladie. Maintenant elle plaide en séparation contre son mari.

Fleur de *Tetragonia*
expensa.

LA VÉRITÉ

sur

CLÉMENCE ISAURE

LES dieux et les hommes me sont témoins que je n'ai jamais sollicité les faveurs de la muse toulousaine ; je suis pur de toute pièce envoyée au concours des jeux Floraux. On ne pourra donc m'accuser ni d'envie ni de dépit si je dis toute la vérité sur Clémence Isaure.

On a vu au commencement de ce livre qu'en quittant le domaine de la Fée aux Fleurs, l'Églantine manifesta l'intention bien arrêtée de se faire femme de lettres.

Cette profession était tombée en discrédit, et on ne se souvenait guère que par tradition du temps où il existait des femmes de lettres, lorsque l'Églantine arriva en Gascogne. Ce pays lui plut naturellement, et elle se fixa à Toulouse, capitale des troubadours.

Jeune, belle, riche, elle obtint tout de suite un grand succès ; ses salons ne désemplissaient pas ; on la citait pour son esprit, son bon goût, l'éclat de sa parure. Comme il faut que toute femme de lettres ait sa manie, elle ne se montrait en public que chaussée de bas couleur d'azur.

De là le nom de bas-bleu qu'on a donné par la suite à toutes les personnes du beau sexe qui s'occupent de poésie et de littérature.

Comme un seul nom ne lui suffisait pas, elle s'appela Clémence Isaure.

Les journaux n'ayant pas encore été inventés, l'Églantine, autrement dit Clémence Isaure, n'eut pas le bonheur de voir paraître chaque matin le résultat de ses inspirations de la veille. Elle se contentait de lire ses productions à ses amis. A cette époque, on se réunissait déjà pour écouter les petits vers. On ne sait pas ce qui remplaçait le thé et les sandwichs.

C'est dans cette réunion intime qu'elle puisa la première idée d'une académie. Elle en fut détournée par son mariage, qui eut lieu vers cette époque.

Clémence Isaure épousa Lautrec, jeune et beau cavalier qui l'aimait passionnément, et qui, pour devenir son mari, brava la malédiction paternelle.

Quelques mois après, Lautrec en était à se repentir. Clémence Isaure voulait qu'il s'occupât des soins du ménage, qu'il comptât avec la cuisinière, avec la blanchisseuse, avec le boucher, avec l'épicier, avec tous les fournisseurs.

Un moment Lautrec se consola en songeant qu'il allait devenir père. Hélas ! ce titre fut pour lui un nouveau surcroît de chagrin et de désespoir. Clémence Isaure lui laissait tout le soin du marmot : c'était à lui à le débarbouiller, à le bercer, à le garder. Clémence Isaure émit la première cette pensée, aussi ingénieuse que profonde : Un mari est une bonne donnée par le Code civil.

Lautrec mourut jeune ; les uns disent de fatigue et de chagrin, les autres d'une fluxion de poitrine.

Quoi qu'il en soit, Clémence Isaure le pleura et composa une magnifique épitaphe en vers gascons, pour orner la tombe de son mari.

Au bout de six mois, cette veuve inconsolable, voulut se remarier ; mais l'exemple du jeune et beau Lautrec effraya les plus hardis. Pour se consoler des ennuis du veuvage, Clémence Isaure, libre de tout soin, fonda alors la célèbre académie des jeux Floraux, qui subsiste encore de nos jours.

Elle voulut que l'auteur du plus beau morceau de poésie fut décoré d'une églantine d'or : elle-même se donnait en prix.

Depuis cette époque, l'Églantine a subi mille métempsycoses. Elle a habité tour à tour le corps de Marguerite de Navarre,

De Mme Du Deffant,

De Mme de Staël.

Quelquefois elle a choisi des personnalités

moins illustres. Sous l'Empire, elle s'appelait Mme Babois ;

Sous la Restauration, elle signait : *la Con-temporaine.*

Nous ne vous dirons pas sous quel nom elle est connue maintenant.

Devine si tu peux, et choisis si tu l'oses,

Il y a des gens qui maudissent l'Églantine, mère de tous les bas-bleus. Franchement, ils ont tort : que deviendraient les poètes incom-pris s'ils n'avaient le cœur d'un bas-bleu pour les consoler.

D'autres, prétendent qu'on calomnie l'Églan-tine en disant que cette jolie et charmante fleur représente la poésie. Eh ! mon Dieu, oui ! la poésie des bas-bleus, fleur agréable dans sa jeunesse, fruit fade et ridicule dans sa vieillesse.

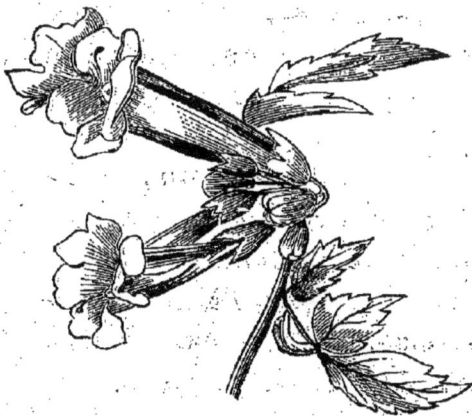

Jasmin.

CAPUCINE

LE COUVENT
DES CAPUCINES

I

SOUS LA CHARMILLE

A MIDI, la chaleur est si forte sous le beau ciel de Séville, que marchands, soldats, nobles, prêtres, chanoines, archevêques, religieuses, abbesses, même le grand inquisiteur, tout le monde fait la sieste.

Seules, deux jeunes filles du couvent des Capucines ne se livraient pas au sommeil.

Aussi sous une charmille au fond du jardin du cloître, elles causaient à voix basse. Mais de quoi, je vous le demande, peuvent causer deux Capucines, quand tout le monde dort, quand il fait si chaud ?

De ce qui tient les jeunes cœurs éveillés, de ce qui leur fait oublier la chaleur, la froidure, le vent et le soleil, de fêtes, de plaisirs, de promenades en plein air, de danses, de liberté.

Il se pourrait bien aussi qu'elles parlassent

d'autre chose, mais nous n'en sommes pas
assez sûrs pour l'affirmer.

— Je ne puis vivre plus longtemps ici, disait
sœur Carmen.

— Je mourrai si on ne me retire pas du couvent ! s'écriait sœur Inès.

Rien qu'à voir les deux religieuses, on s'a-
percevait bien vite qu'en effet la vie du couvent
ne pouvait leur convenir.

Les yeux de Carmen lançaient des flammes ;
ceux d'Inès étaient humides de langueur ; les
pieds et les mains de Carmen auraient été les
plus beaux du monde sans les pieds et les
mains d'Inès. Notre enthousiasme nous entraînerait trop loin si nous faisions le détail de
leurs autres charmes.

Sœur Carmen et sœur Inès reprirent ainsi
leur conversation :

— Le jour, j'ai comme des vertiges à la tête,
et, la nuit, je ne puis dormir.

— Moi, je fais des rêves affreux.

— Oh ! dis-moi tes rêves !

— Il me semble que j'entends le bruit d'une
guitare sous la fenêtre de ma cellule, et une
voix qui m'appelle Inès ! Inès !

— Ma chère sœur, j'ai fait le même rêve la
nuit dernière.

— Si, en effet, un homme venait sous nos
fenêtres !

— Si c'était le diable ! On dit qu'il rôde toujours autour des couvents.

— Tu as raison, c'est lui qui nous envoie ces mauvaises pensées.

— Il faut tout dire à notre confesseur.

— En attendant, prions notre patronne, afin qu'elle éloigne de nous le tentateur.

Et les deux sœurs furent s'agenouiller dévotement au pied d'une croix placée au milieu du jardin.

II

SŒUR GUIMAUVE

La sœur infirmière était descendue au jardin pour cueillir des simples dont elle avait besoin pour ses malades.

Il faut vous dire que cette infirmière n'était autre que la Guimauve, sur la terre, elle n'avait jamais cherché qu'à développer ses instincts de bienfaisance. Longtemps elle avait exercé l'état de garde-malade. Préparer des tisanes était son suprême bonheur. Souvent, lorsqu'elle se promenait dans la campagne, si elle rencontrait une sauterelle accablée par la chaleur, faisant la sieste dans un sillon, ou une grenouille tapie dans les joncs, elle trouvait que la sauterelle et la grenouille avaient l'air d'être malades, et elle les emportait au logis pour les soigner. Elle poussait le dévouement jusqu'à la monomanie.

Lasse du monde, où, disait-elle, personne ne

se croyait malade, elle s'était retirée dans un couvent où on lui avait donné la direction en chef de l'infirmerie, emploi fort important dans un lieu où, ne sachant comment tuer le temps, on le passe souvent à se croire malade. Aussi la Guimauve bénissait-elle tous les jours sa nouvelle position.

Comme la panacée, son remède universel était la Guimauve, qu'elle voulait qu'on prît sous toutes les formes, tisane, pâte, etc., etc. ; les jeunes religieuses l'appelaient en riant sœur Guimauve : ce surnom avait fini par lui rester.

Sœur Guimauve aperçut les religieuses en prières.

—Ne vous dérangez pas, mes chères enfants, leur dit-elle, continuez votre oraison; je viens inspecter mon petit domaine. Ah! ces maudites Capucines, elles ne fleuriront donc jamais !

Elle montrait en même temps une magnifique bordure de ces plantes dont on voyait seulement poindre les boutons.

III

LE MUGUET

Parbleu! se disait un jeune et fringant cavalier en se mirant dans sa glace, j'ai fort bien fait de changer de sexe. Il faut avouer que je m'ennuyais joliment, lorsque, danseuse à l'Opéra, je

passais mon temps à exécuter des pas de deux
en compagnie de la Campanule. Était-ce pour
cela que j'avais quitté le jardin de la Fée aux
Fleurs ?

Maintenant, j'ai un chapeau à plumes, un
pourpoint de satin, un manteau de velours, des
bouffettes à mes souliers, une rapière à mon
côté et un nœud de rubans sur l'épaule. On
m'appelle don Guzman ; je souris aux belles, je
leur envois des billets doux : voilà la vraie existence du Muguet.

Après ce monologue, don Guzman tira sa
montre enrichie de brillants.

—Onze heures ! s'écria-t-il, où irai-je entendre
la messe aujourd'hui ?

IV

LA LETTRE

Après avoir passé en revue toutes les églises
de Séville, don Guzman se décida pour l'église
des Capucines. Les religieuses venaient entendre la messe dans une chapelle particulière.
Elles n'étaient séparées, du reste, des fidèles
que par une grille. Don Guzman avait remarqué
que les sœurs Capucines étaient les plus jolies
religieuses de Séville, et il ne manquait pas,
toutes les fois qu'il venait à leur église, de se
placer à côté même de la grille.

Ce jour-là, le hasard voulut que Carmen fût placée au premier rang, à l'angle de la chapelle même, contre l'endroit de la grille où était adossé don Guzman.

Celui-ci regarda la religieuse, et elle baissa les yeux, il la regarda encore, et vit qu'elle rougissait. Il n'en demandait jamais davantage.

Comme, pour être prêt à toutes les éventualités, il avait toujours ses poches garnies de déclarations diversement rédigées, selon le rang des personnes auxquelles il s'adressait, il fouilla dans sa poche aux religieuses, il en tira une lettre qu'il laissa tomber adroitement sur les genoux de Carmen, sans que personne s'en aperçût.

Dans cette lettre il proposait à Carmen de l'enlever. Si elle y consentait, elle n'avait qu'à se trouver à minuit à la petite porte du couvent.

V

LES CAPUCINES

Pour peu qu'on connaisse la botanique, on sait que les Capucines sont des fleurs à passions ardentes. Éclatantes le jour, on les voit la nuit s'entourer d'une auréole d'étincelles phosphorescentes. Quelle idée leur avait fait choisir de préférence la vie claustrale ? C'est ce qu'on ne

peut deviner, à moins qu'elles n'aient été entraî-
nées par une similitude de noms.

Carmen et Inès étaient deux Capucines.
L'ennui qu'elles éprouvaient au couvent n'éton-
nera personne.

Quelques bonnes résolutions qu'elles eussent
puisées au pied de la croix, elles ne suffirent
pas à les protèger contre la lettre de don Guzman.

Carmen la montra à Inès

Après mille réflexions, mille hésitations que
nous épargnons au lecteur, Carmen et Inès
résolurent de fuir ensemble. Cela leur était
facile, attendu l'indulgence de la mère abbesse,
qui n'enfermait que les novices dans leurs
cellules. Quand à la clef de la petite porte du
jardin, elles savaient où la prendre chez la tou-
rière, qui s'endormait régulièrement à neuf
heures et qui ne se réveillait que le lendemain
matin, quoi qu'il pût survenir au couvent, il y a
des sommeils qui protègent l'innocence.

VI

UN CHANGEMENT DE DESTINATION

Aucun nuage n'obscurcit le ciel, le vent ne
mugit point sourdement, la lune ne se voila pas
lorsque les deux fugitives franchirent les murs
du couvent. Nous voudrions bien dire que minuit
sonnait à l'horloge de la vieille tour, mais le fait

est qu'il n'y avait au couvent des Capucines ni tour ni horloge.

Don Guzman attendait Carmen à quelques pas d'une chaise de poste.

En voyant les deux jeunes filles, la surprise l'arrêta.

— C'est ma sœur, lui dit Carmen à voix basse; vous nous protégerez toutes les deux.

L'affaire se complique, pensa le Muguet, mais... enfin il faut se résigner,

— Où voulez-vous que je vous conduise ?

Les deux sœurs se regardèrent.

— Nous n'y avons pas pensé, répondirent-elles d'un ton timide.

— Vous fiez-vous entièrement à moi, belle Carmen ?

— Il le faut bien, seigneur don Guzman.

— Eh bien, alors, montez en voiture.

Il entra en voiture après elles.

— Pablo ! cria-t-il au postillon au moment de fermer la portière, au...

— Au jardin de la Fée aux Fleurs, fit une voix inconnue, en achevant la phrase commencée.

Et les chevaux, comme s'ils avaient eu des ailes, emportèrent la voiture, qui disparut dans l'espace.

Le moment était venu de faire rentrer les fugitives au bercail, et la Fée aux Fleurs commençait sa tournée dans ce but.

Comme la Guimauve ne faisait que du bien sur la terre, elle résolut de ne la rappeler que la dernière.

PRIMEVÈRE, PERCE-NEIGE

DUETTINO

—

LE PERCE-NEIGE

ET

LA PRIMEVÈRE

———

LE PERCE-NEIGE. — Primevère! Primevère! réveille-toi.

LA PRIMEVÈRE. — Qui m'appelle?

LE PERCE-NEIGE. — C'est Perce-Neige, ton ami, qui a froid et qui voudrait se réchauffer à ton haleine!

LA PRIMEVÈRE. — Pourquoi ai-je dormi si long-temps? Il fait si bon respirer la brise printanière, voir l'herbe verte, sentir la tiède odeur des bourgeons, se mirer dans le clair ruisseau!

LE PERCE-NEIGE. — Sans moi, tu dormirais encore, c'est à moi que tu dois les sourires de cette riante matinée d'avril. Si tu savais comme tu es jolie dans ton petit corsage blanc, comme tes joues sont fraîches, comme tu t'inclines gracieusement sous la brise qui t'effleure! Penche vers moi ta corolle, et laisse-moi te donner un baiser.

LA PRIMEVÈRE. — Le printemps n'aime pas l'hiver; la jeunesse n'aime pas la vieillesse. Tu vas mourir et tu parles d'aimer!

LE PERCE-NEIGE. — Mes forces se sont épuisées à percer les dures neiges de l'hiver; mais ton parfum me ranime, Primevère; l'amour me fera revivre.

LA PRIMEVÈRE. — N'entends-tu pas dans l'air comme un battement d'ailes invisibles! Il arrive, le jeune Zéphyre; c'est lui que je veux aimer, c'est lui qui aura mon premier baiser.

LE PERCE-NEIGE. — J'ai fleuri jusqu'à ce jour malgré la glace; je sens venir le printemps. Me faudra-t-il mourir sans entendre le doux chant des oiseaux, sans sentir la chaleur vivifiante du soleil et de l'amour?

LA PRIMEVÈRE. — Les vieillards ne sont faits ni pour le soleil ni pour l'amour; l'air chaud du printemps et des passions brise leur poitrine débile. Malheur à celui qui aime trop tard!

Pendant qu'elle parlait, Zéphyre planait sur la Primevère? Haleine et parfum, tout se confondit. Le vent, ému de ce baiser, passa sur la tête du Perce-Neige! il mourut tué par la première brise.

TABLE DES MATIÈRES

CONTENUES DANS LE PREMIER VOLUME

———